非凡出版

探索天文 A to Z

動手玩 STEAM 太空科學

薛俊朗（天文仁）著

自序

親愛的讀者，你曾否在深夜裏望着天花板發呆，何不出外走走或往窗外看看？或許抬頭仰望星空，可能會被那無盡的宇宙奧秘所吸引呢？這本書將帶領你進入這個神奇奧妙的天文世界裏！

作為一位熱愛星空的天文愛好者，透過這本 STEAM 天文學的科普書，結合天文學、星空保護、行星科學和太空科技，並且通過動手造和體驗式學習，讓你在每個篇章中都能感受到科學的趣味和挑戰！

這本書獨特的設計從 A 到 Z，每個英文字母都會帶領你探索一個新的天文或太空的概念，並且簡介背後的知識和 STEAM 的活動。透過科學體驗、動手造和電子學習，你將以簡單有趣的方式學習天文科普的知識，並在不同篇章中藉着 STEAM 的任務小挑戰，促進多感官的科普閱讀體驗，還能發展你的共通能力、自然辨別智能和創意解難的綜合能力。

初中時我擁有第一支天文望遠鏡，真是愛不釋手！晚上在家中的天台觀星賞月，看到「斗轉星移」，各個星體有特定的軌跡位置，深感造物者的奇妙創造。「天文學」是有趣的學科，它驅使我們身體力行，堅持不懈，有耐性地追求達到目標，當然要配合好的天氣和環境，避開光害等等。

這本書還提及如何拍攝燦爛的星空，又反思城市光污染的環境問題。我們在同一星空下共享星空，讓我成為你的嚮導，引領你認識更多天文知識，體驗更多觀星帶來的樂趣吧！

這是我出版的第二本科普書籍了，衷心感謝一直以來支持和鼓勵我的父母、親朋好友和各位讀者！

希望這本書成為你們追尋星空的「活字典」，把 A 至 Z 的每個題目內容串連起來，「上通天文，下知地理」！

薛俊朗（天文仁）

國際跨媒體天文教育者

目錄

Aurora

極光

近年來，全球暖化導致的冰川融化問題引起了廣泛關注，極地探險對科學研究人員和冒險家而言，更是充滿神秘與未知。筆者曾經探索兩次北極地區，包括位於北緯 66°34 的北極圈（Arctic Circle）內的北歐三國，以及近年多次發生火山爆發的冰島。第一次是夏季進行地理考察，第二次則是冬季追尋北極光的旅程，期望讓大家了解極地的特別之處。

冰島重視自然保護和生物多樣性／攝於冰島的索爾黑馬冰川

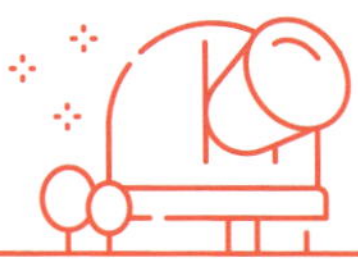

北極的天氣

2023 的冬季，筆者踏足了北極圈內的瑞典、挪威和芬蘭。冬季氣溫較為寒冷，而且天氣變化亦較大，一天內經歷陽光普照、多雲下雪和吹着嚴寒的寒風，北歐不少地方都是鋪滿了一層非常厚的積雪。筆者在芬蘭凱米搭乘破冰船，船隻劃破波斯尼亞灣的湖面冰層，穿越浩瀚冰洋，還穿着特製的紅色防寒浮力衣，體驗冰海浮泳。

北歐極地冬季，每天早上差不多 10 時日出，下午 2 時日落，日照時間非常短，於是有更多時間進行星空攝影（Astrophotography）和記錄北極光。

穿上紅色防寒浮力衣，體驗冰海浮泳

在聖誕老人村巧遇北極光 / 攝於芬蘭的羅凡尼米

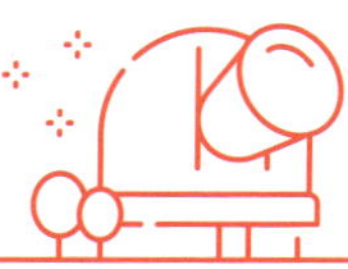

極光的形成

極光（Aurora）是怎麼形成的呢？太陽風暴發生時會產生大量帶電粒子並向外噴發。當這些粒子飛向地球時，地球的磁層就像一個大保護罩把它們引導到北極和南極。在大氣層中，這些粒子會和空氣中的原子碰撞，產生五顏六色的光芒，這就是我們看到的極光了！

Scientific Visualization Studio 是一個非常有趣的工具，通過科學模擬圖像，展示太陽風如何飛向地球的磁層，讓我們了解極光是怎麼形成的！

Scientific Visualization Studio 的網頁連結

下右圖是擺放在香港太空館的極光展品！你可以調整真空管內的太陽風強度，就能夠在地球模型上親自產生美麗的極光！

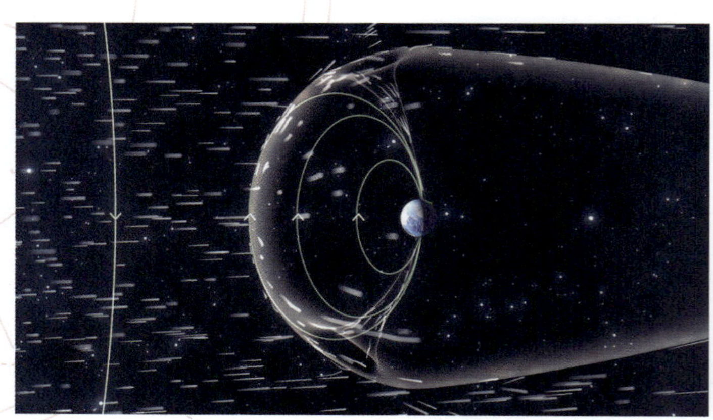

Scientific Visualization Studio 網頁上展示太陽風飛向地球的模擬短片

香港太空館內介紹極光形成的展品

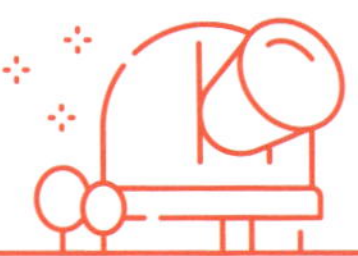

觀看極光

觀看的地方

極光通常在每年的 9 月到 3 月之間出現，靠近北極圈的地方有更大的機會看到美麗的北極光（Aurora Borealis），亦稱為極光帶（Auroral Zone）。例如美國的阿拉斯加、加拿大的黃刀鎮、丹麥的格陵蘭、冰島、挪威、瑞典、芬蘭和俄羅斯的摩爾曼斯克。想像一下，當你在這些地方時，夜空中可能會出現五顏六色的光芒，就像在跳舞一樣，非常奧秘！

在北緯 69°的城市遇上北極光爆發 / 攝於挪威的希爾克內斯

觀看的時間

由於地球的自轉軸傾斜，北極圈在夏季會出現極晝（Midnight Sun），每年持續數個月。在這段時間裏，太陽整天 24 小時都會照耀着我們，這種現象被稱為午夜太陽。沒有黑夜，我們就無法看到極光了！

作品名為《極光餘輝》（The Afterglow of Aurora），寓意北極光遇上銀河星空，攝於芬蘭的伊瓦洛冰湖

塔斯曼尼亞的南極光 / 攝於澳洲的提德博克斯海洋保護區

如果你在地球的另一端，特別是澳洲的塔斯曼尼亞和紐西蘭的南島，也有機會看到南極光（Aurora Australis），顏色上可能偏向於粉紅或藍紫色。

國際極光節

在每年 3 月，國際極光協會（Aurora Association），會舉辦「國際極光節」（Aurora World Festival），邀請來自世界各地的極光專家響應慶祝活動，透過分享極光作品和經歷，藉此推廣愛護地球的生物多樣性、守護北極圈的訊息。

預測極光

如果身處較高緯度、少光污染的地方，想知道甚麼時候有機會看到極光，可以查看極光指數（Kp-Index），了解身處的地方會否有機會看到極光。當 Kp 指數高時，表示會有更大的機會看到極光！

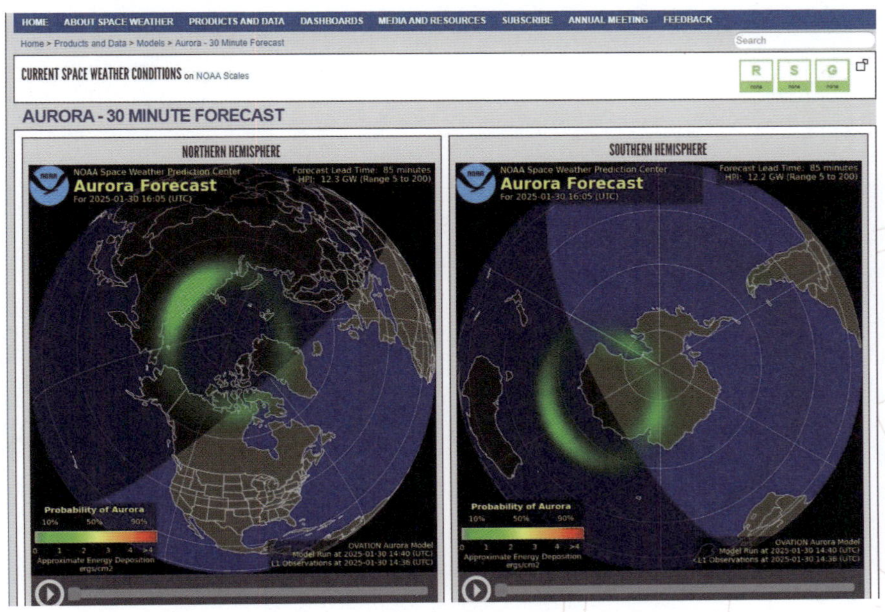

Aurora 30 Minute Forecast 可以預測短期內北極和南極出現極光的位置和亮度

Aurora 30 Minute Forecast 的網頁連結

Aurora 30 Minute Forecast 是一個極光預測的平台，能提供 30 到 90 分鐘內的極光預測。極光的位置和亮度通常用一個圍繞地球磁極的綠色橢圓形來表示。如果預測極光會更強，這個橢圓形會變成紅色。

科學家預測，在 2024 到 2026 年間，太陽活動會非常活躍，甚至來到極大期，這意味我們將有更多機會觀賞到壯觀的極光！所以，如果你有時間到這些地方，一定要抬頭看看這個神秘的夜空，說不定能看到那令人讚嘆的極光呢！

遇上極地另一種罕見的天文現象「極地平流層雲」（Polar Stratospheric Cloud）/ 攝於挪威的內伊登

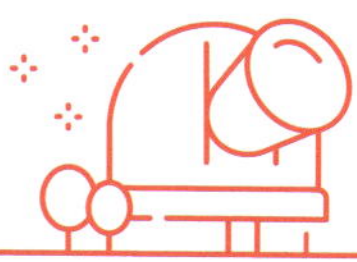

觀察太陽黑子

我們可以通過裝有太陽濾鏡的望遠鏡，觀察到太陽表面的太陽黑子（Sunspot）、耀斑（Solar Flare）和日珥（Solar Prominence）。這些太陽的表面特徵能幫助我們了解太陽的活躍情況。當太陽黑子的數量增多時，通常表示太陽活動較為活躍，這也可能會增加極光出現的機會。請務必記住，絕對不能用肉眼直接觀察太陽，因為強光會傷害眼睛，甚至可能導致失明。

使用裝有太陽濾鏡的望遠鏡，可以安全地觀察太陽黑子

Big Dipper

北斗七星

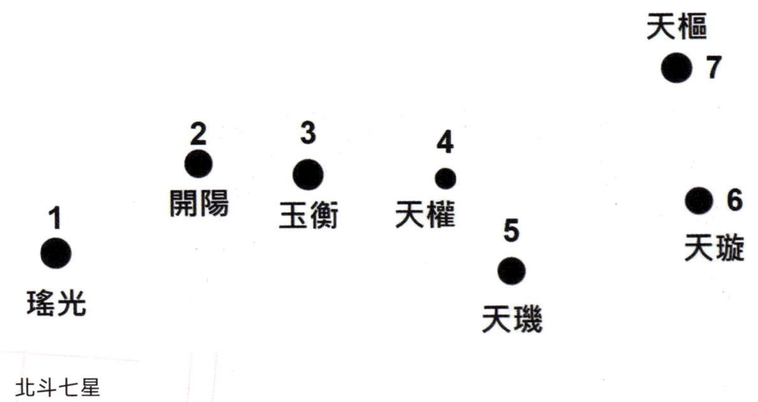

北斗七星

有一次，筆者協助一個外展的觀星活動，小朋友問怎樣才能看到北斗七星（Big Dipper）。這個問題非常有趣！在夜空中，它就像一個掛在天上的大湯勺，指引着我們找到北極星（Polaris）。

來試試這個有趣的星座連線遊戲，按數字的次序連接那些閃亮的星星，準備好筆嗎？一起把北斗七星的樣子畫出來吧！

認識北斗七星

對！北斗七星並不是一個獨立的星座，而是大熊座（Ursa Major）的一部分。它由大熊座中最明亮的七顆星組成，分別叫做瑤光、開陽、玉衡、天權、天璣、天璇和天樞。這些星星就像夜空中的路標，非常容易辨認。

北斗七星看起來排列得很整齊，但實際上它們並不在同一平面上，而是分佈在不同的距離上。天樞星距離地球約 124 光年，而其他星星例如天璇則距離約 79 光年。

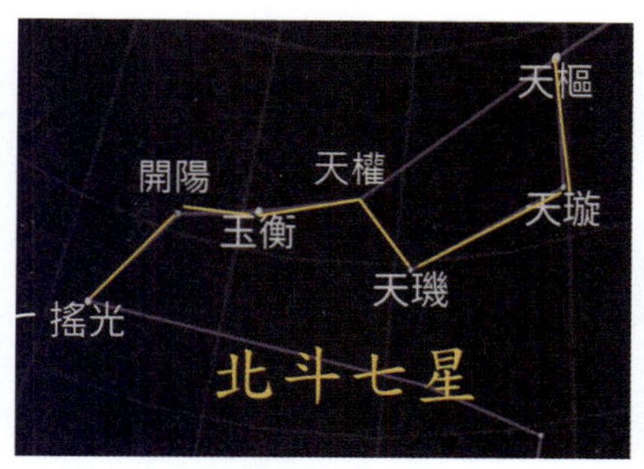

北斗七星 / Google Sky Map

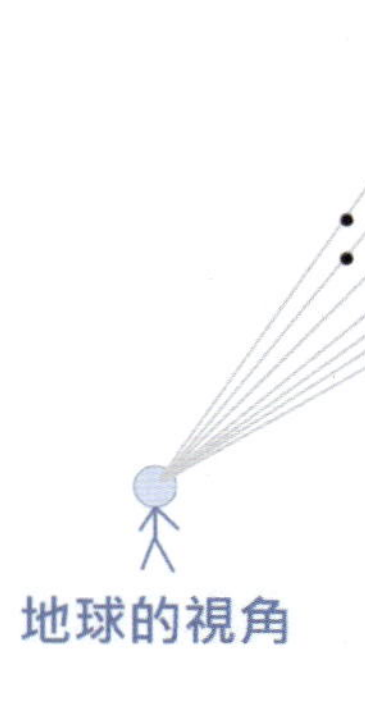

北斗七星的七顆星，和地球的距離都不相同，在地面上看似乎很接近，但在宇宙中，它們實際上相隔很遠。

尋找北極星

在夜空中，有一顆特別的星星叫做北極星（Polaris）。你知道嗎？在北半球的每天晚上，星星總會從東邊升起，然後在西邊落下，簡稱「東升西落」，這是因為我們的地球在不停地自轉。但是北極星卻不一樣，它幾乎不會移動，總是固定在北方，像一位忠實的指路明燈。想像一下，如果你在晚上迷路了，夜空中只要找到北極星，就能知道哪裏是北方。

如果你想找到北極星，可以先找到北斗七星，然後將杓口的最前面兩顆星連線，往杓口的方向延伸約五倍的距離，就能找到北極星，因此天璇和天樞有「指極星」的美譽。這個方法就像在玩尋寶遊戲，讓你在黑暗的夜空中找到方向。

在星流跡下仍能看到北極星／攝於美國的優勝美地國家公園

在秋、冬季節，另一種尋找北極星的方法，就是利用仙后座(Cassiopeia)，它看起來像一個大寫的「W」。同樣地，將兩側延長五倍，也能找到北極星。

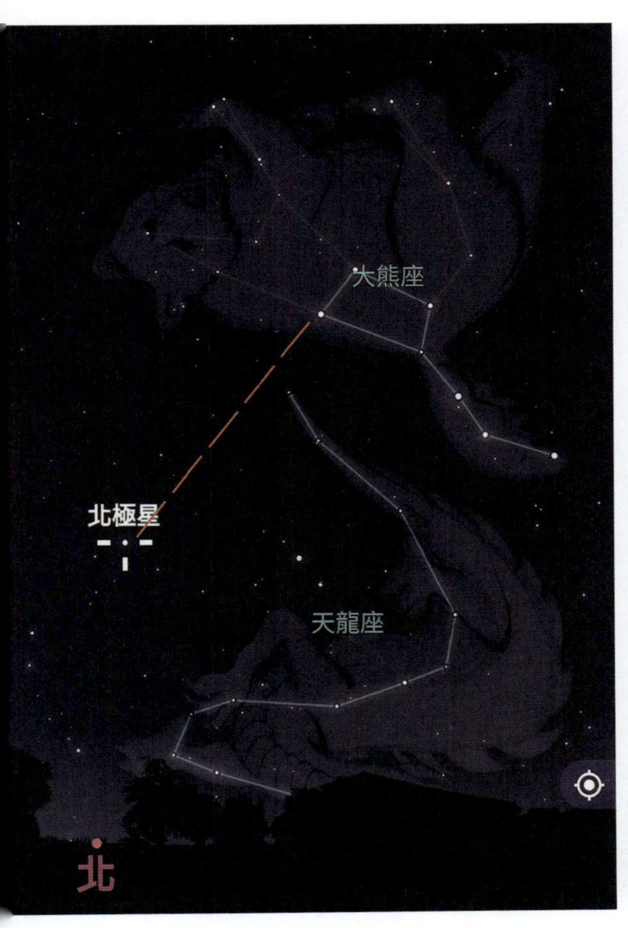

北斗七星與北極星 / Stellarium

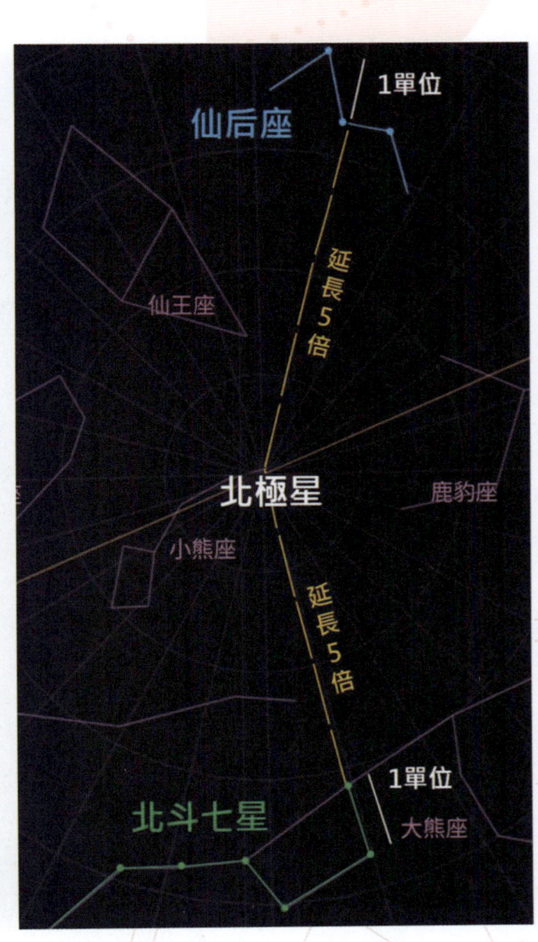

可以通過北斗七星或仙后座，尋找北極星 / Google Sky Map

天上的路標

在古代，航海者們也會用北斗七星來幫助他們導航。它就像一個天空中的指南針，幫助人們繪製出航行路線，在漆黑的夜空中指引路向。每當你抬頭望向星空時，不妨試着尋找北斗七星和北極星，看看它能帶給你甚麼驚喜吧！

北斗七星與北極星 / 攝於美國的柏克萊加州大學

onstellations

星座

古代的人們對星空充滿了想像力，看到那麼多閃亮的繁星，他們會把這些星星連在一起，形成了星座（Constellation）。這就像你和朋友各自畫畫，把不同的點連起來，創造出新的圖案。其實，星座的故事可以追溯到古埃及、古巴比倫和古希臘時期。那時候的人們根據他們的文化和自然景象，為每一個星座編寫了有趣的神話故事。

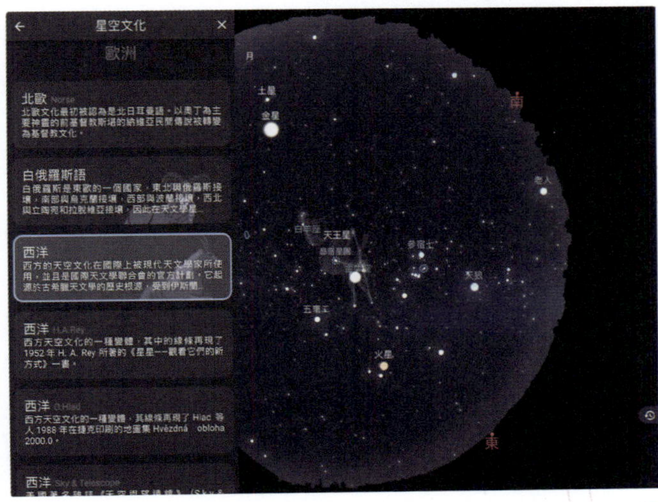

我們可以在觀星軟件設置不同的星圖，從而了解各地的星空文化 / Stellarium

澳洲的星空文化

澳洲的原住民文化對天文學有着非常特別的影響！許多部落都把銀河系想像成一隻「澳洲鴯鶓」（Emu），這是一種外形像駝鳥的鳥，讓人聯想到牠在天空中翱翔。這片銀河被稱為「天空上的鴯鶓」（Emu in the Sky），原住民用這些故事來記住星星的位置和意義。當你來到南半球時，可以看到它在夜空中，讓你感受到宇宙的浩瀚，思考自己與自然的聯繫！

天空上的鴯鶓／攝於澳洲的提德博克斯海洋保護區

鴯鶓／ 攝於澳洲的塔斯曼尼亞

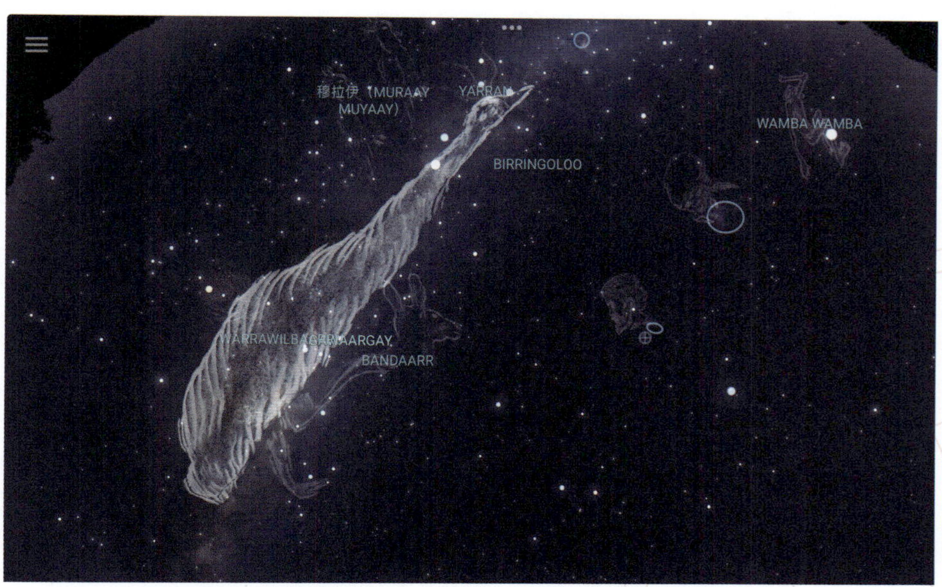

在觀星軟件上設置位置在南半球的地方，再按「星空文化」，並且設置為 Kamilaroi/Euahlayi 的電子星圖模式，就可以看到「天空上的鴯鶓」

©Stellarium (Robert S. Fuller, Ghillar Michael Anderson, Susanne M Hoffmann)

88 個星座

現時，整個天空有 88 個星座，而不僅僅 12 個。在 1922 年，國際天文聯會（IAU）召開了一次重要的天文會議，決定將整個天空劃分為 88 個星座。這樣一來，清楚界定每一顆星屬於哪個星座，讓我們更容易辨認它們。為了幫助記憶，這些星座的名稱大多來自希臘神話中的人物和動物，這樣我們就能用有趣的故事來聯想星座的位置。

國際天文聯會總部和巴黎天體物理研究所 / 2024 年攝於法國巴黎

運用星空比例尺觀星

「星空比例尺」是一種簡單的方法，可以幫助我們在觀星時估算星星之間的距離。只需簡單地將手臂伸直，然後用手指和手掌來測量。例如，伸出一隻手指的寬度約是 1 度；如果握成拳頭，由拇指至尾指的長度是 10 度；而如果張開手指，則是 20 度，與北斗七星長度相約。在觀星時，這些簡單的技巧方便我們估計星體的位置、天區的面積！

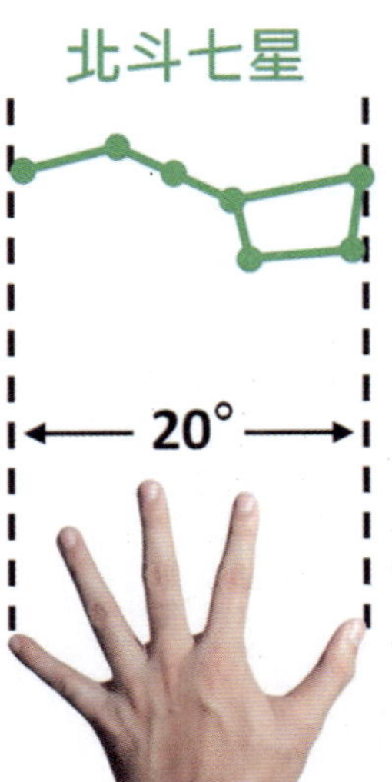

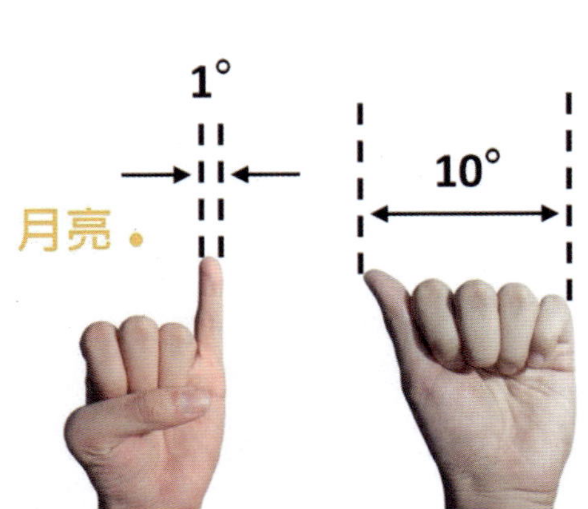

通過手指學天文，都是一種有趣的方法！

四季星空

讓我們通過有趣的星座連線遊戲和星圖，一起認識四季中著名的星座，並藉此了解數學圖形來探索天文學中的星座！

我們可以把星座分成「春、夏、秋、冬」四季，這樣就能更好地了解每個季節的主要星座。以北半球的觀測作為基礎，代表着在我們那個季節的晚上（大約晚上 7 點到 12 點），在夜空中正上方的天頂可以看到的星座。

例如在冬天的晚上，當太陽下山時，我們可以看到秋季星座（上一季的星座）在西方出現；到了晚上，我們就能看到冬季星座；如果你熬夜到深夜，還可以在東方看到春季星座（下一季的星座），直到黎明來臨。這意味着，如果你精力充沛、鬥志力強，一個晚上有機會看到三個季節的星座呢！

每當筆者看到心醉的星空和銀河，心中總會感到一陣舒暢。

春季星空

春季星空雖然有時候會潮濕和大霧，天氣也不太穩定，但這並不妨礙我們欣賞美麗的星空！在這個季節，我們可以看到著名的北斗七星（Big Dipper），它能幫助我們找到北極星。相信大家在上一篇已經認識了它。

如果你沿着「北斗七星」的勺柄向下尋找，就能發現「春季大弧線」(Spring Curve)。這條弧線由北斗七星的玉衡、開陽、搖光出發，途經大角星（牧夫座）、角宿一（室女座），最後延伸至烏鴉座。

當你把大角星、角宿一和五帝座一（獅子座的尾部）這三顆亮星連接起來，就會形成一個美麗的「春季大三角」(Spring Triangle)。如果再加上獵犬座的常陳一，那麼就會形成一個閃亮的「春季大鑽石」(Great Diamond)。

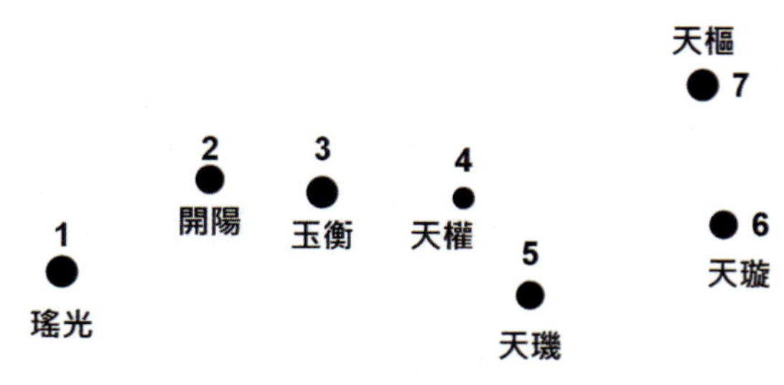

北斗七星
Big Dipper/ Plough

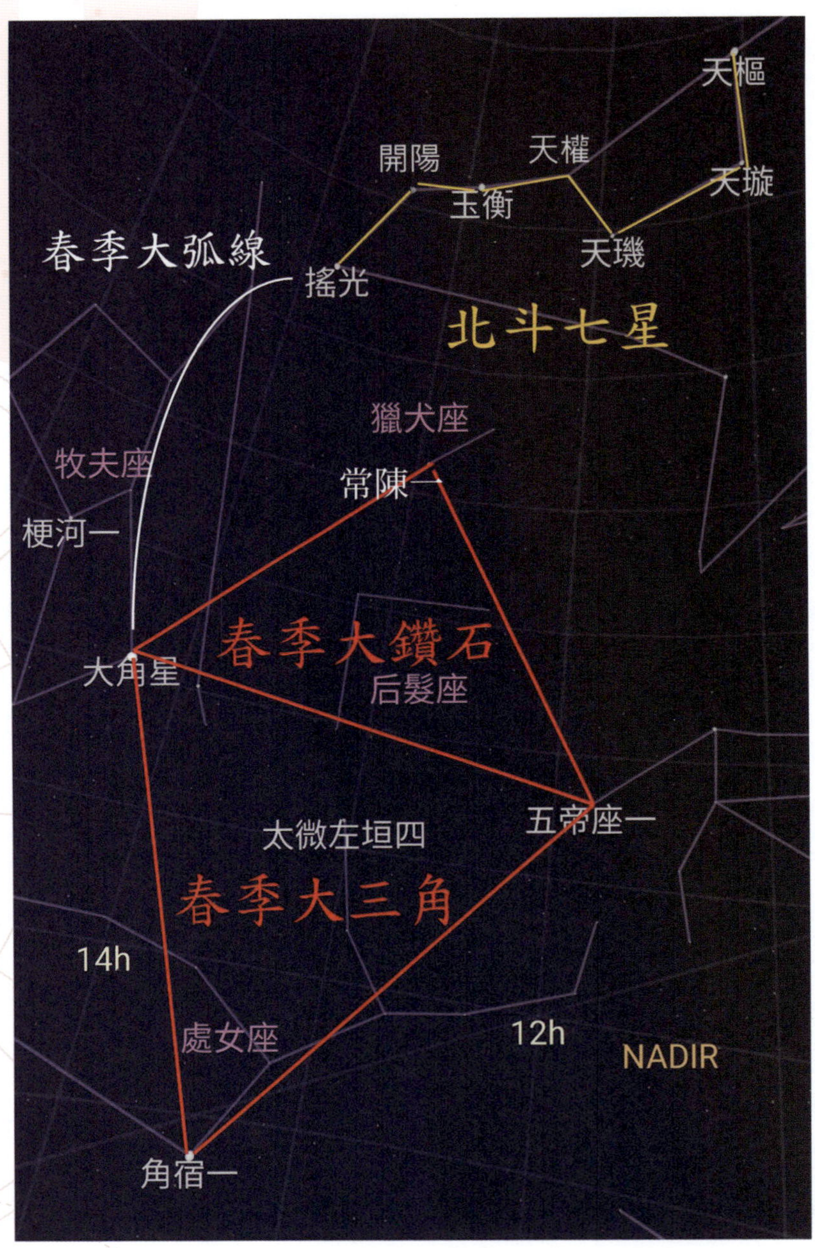

春季星空 / Google Sky Map

夏季星空

至於夏季星空，夏季是觀賞銀河的最佳時機，這時候的夜空特別明亮！在這個季節，我們可以看到「夏季大三角」(Summer Triangle)，它由三顆非常亮的星星組成：牛郎星（天鷹座）、織女星（天琴座）和天津四（天鵝座）。你們知道嗎？牛郎星和織女星，就像中國民間傳說裏的情侶，分隔在銀河的兩端，每年只有在七夕才能相會。

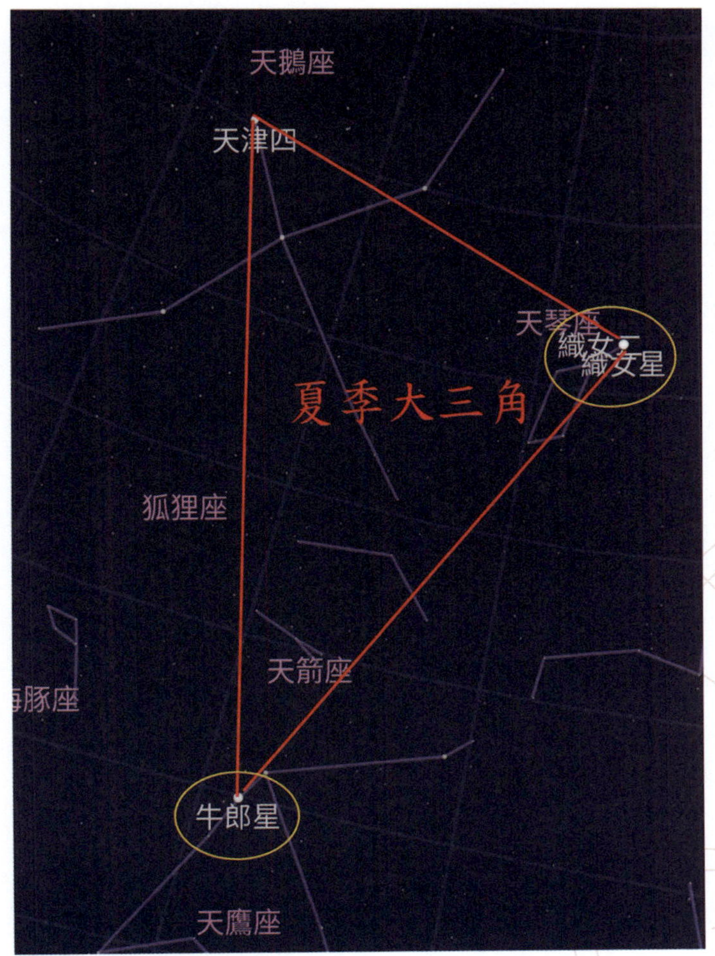

夏季星空 / Google Sky Map

此外，在夏季銀河的中心，我們還可以找到為人熟識的人馬座(Sagittarius)，它的形狀看起來像一個茶壺。

在人馬座附近，有一顆耀眼的紅色亮星，那就是天蠍座（Scorpius）中最明亮的主星——心宿二（Antares），常被稱為「蠍子的心臟」。你能夠從相片中，找出天蠍座和人馬座的位置嗎？

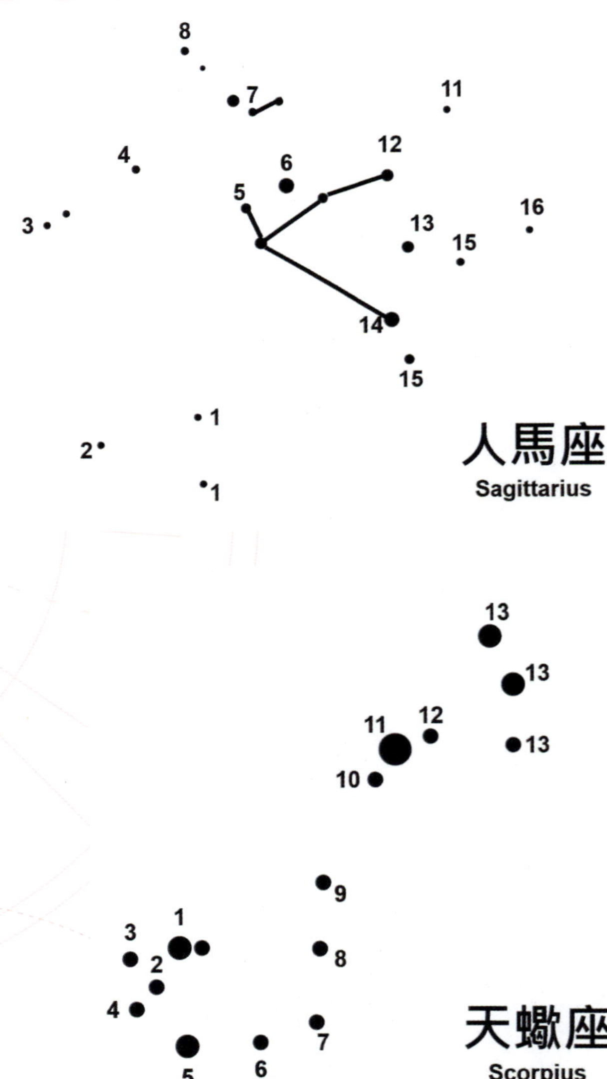

青藏高原（海拔 4745 m）的夏季銀河 / 2024 年攝於西藏

夏季星空 / Stellarium

秋季星空

接着是秋季星空，秋季的天氣通常較為宜人，抬頭就能看到位於夜空中心的「秋季大四方」（又稱為秋季四邊形，Autumn Square），它是由飛馬座（Pegasus）的三顆亮星和仙女座（Andromeda）的壁宿二組成，所以亦有「飛馬座大矩形」的美譽。

在北方，我們還可以看到呈 W 形的仙后座（Cassiopeia），幫助我們尋找北極星的方位。

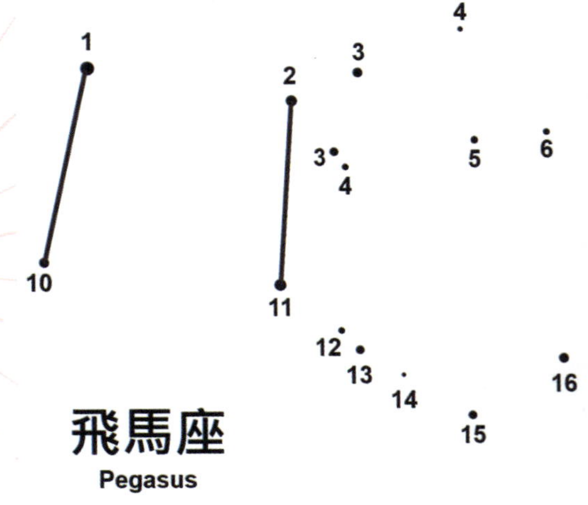

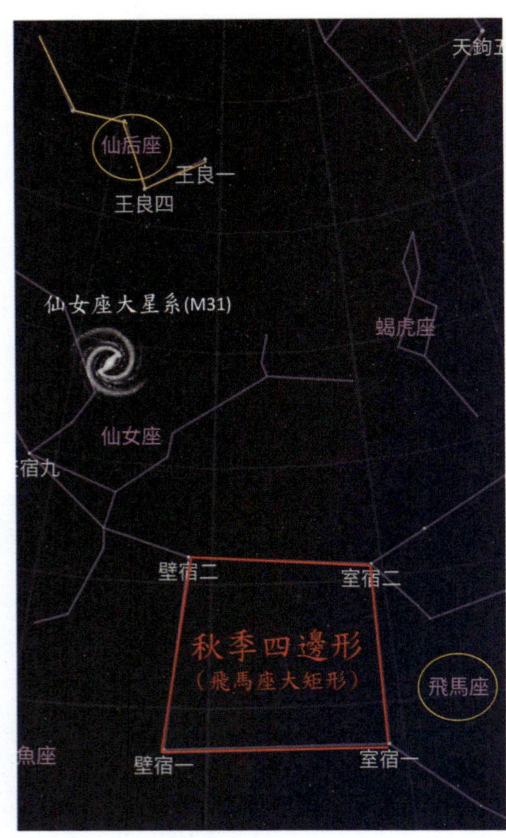

秋季星空 / Google Sky Map

冬季星空

最後介紹冬季星空，雖然有時會遇到厚雲的情況，但對筆者來說，冬季是觀星的最佳時機。因為冬天的日照時間較短，黑夜換來了更多的觀星時間吧！

而且，這個季節的天空中有許多閃爍的亮星，當大氣穩定時，非常適合拍攝壯麗的深空天體（Deep-sky Objects）。在繁星閃爍的夜空中，天狼星（Sirius）是整個夜空中最亮的恆星，與獵戶座的參宿四、南河三的小犬座一起，形成了象徵性的「冬季大三角」（Winter Triangle）。

最容易一眼認出的星座，相信必定是「星座之王」獵戶座（Orion）了！其中三顆星打橫連成一直線，被稱為「獵戶座的腰帶」，下方則是著名的深空天體 M42 獵戶座大星雲。你能夠從相片中，找出獵戶座和金牛座的位置嗎？

北極地區的獵戶座 / 2023 年攝於芬蘭的伊瓦洛冰湖

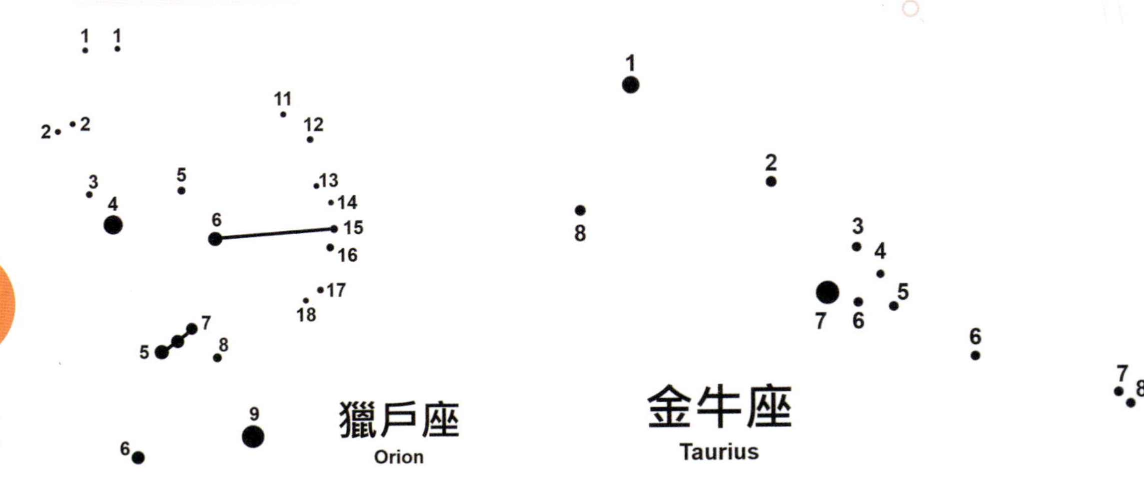

冬季星空 / 攝於香港西貢

如果天氣特別好，我們還可以挑戰自己，觀賞從「冬季大三角」開始，延伸到獵戶座的參宿七、金牛座的畢宿五、御夫座的五車二、雙子座的北河三，組成「冬季大橢圓」（Winter Circle）和「冬季六邊形」（Winter Hexagon）！

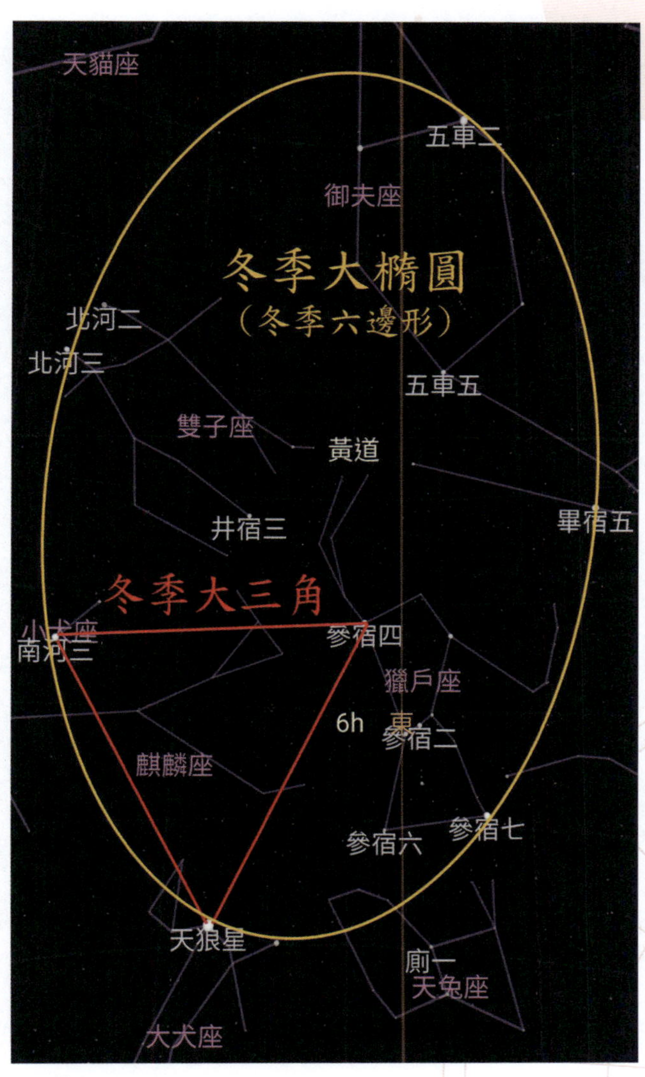

冬季星空 / Google Sky Map

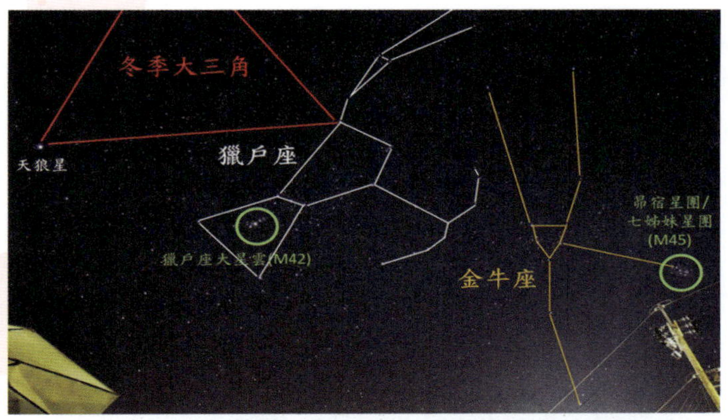

冬季星空 / 分別攝於香港北潭涌和飛機上

Dark Sky Protection

暗空保護

隨着城市的迅速發展，香港的繁星變得愈來愈難以看到。許多天文愛好者需要特意前往西貢和離島的郊區，才能拍攝到美麗的星空。因為城市裏有很多燈光過度照明，這種現象叫做光污染（Light Pollution）。光污染就像在家裏開着太多燈，讓人整晚無法入睡一樣，過亮的人造光線（Artificial Light at Night）會影響我們的生活健康及作息。

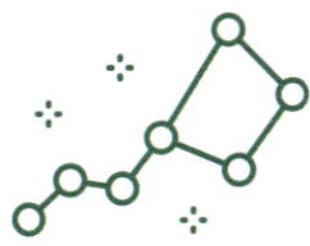

光污染影響廣泛

這些過亮的燈光不僅讓觀星者看不到星星，還會干擾夜間動物的生活。例如，很多鳥類利用月光和星星的位置來導航，如果有太多戶外照明，牠們可能會迷路，甚至增加撞上反光玻璃建築物而危害性命。

影響大自然生態

螢火蟲需要通過尾部的閃光尋找配偶，對於外來光線是非常敏感。如果遇到強光干擾，牠們不僅會減少閃光的次數，還會增加被捕食者發現的風險，這可能導致數量減少，甚至面臨瀕危的威脅，影響生物多樣性。

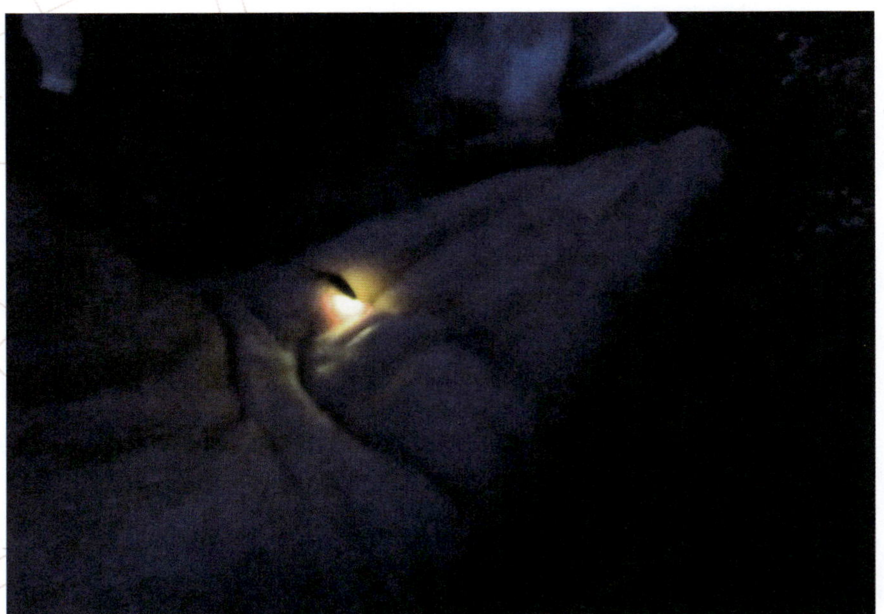

在十六湖國家公園遇上螢火蟲，2019 年攝於克羅地亞

影響觀星活動

天文學研究和觀星是需要在黑暗的環境中進行，這樣才能清楚地看到星體。星空是我們寶貴的資源，不僅包含科學知識，還承載着許多星座神話、民間文化的故事、宗教等。可惜的是，全球有近八成的地方受到光污染影響，超過三分之一的人口無法用肉眼看到銀河。光污染不僅阻礙我們探索宇宙，也影響自然生態、能源浪費，甚至助長氣候變化。因此，我們需要更加關注如何保護夜空和健康生活的環境！

筆者在飛機上清晰看到美麗的銀河和星空 / 2023 年攝於澳洲上空

保護夜空

近年筆者專注研究如何減少光污染，希望透過暗空保護（Dark Sky Protection）能夠讓美麗的星空和銀河再現，讓下一代也能夠繼續看到夜空中的星座。就像在學校裏學習如何保護環境一樣，如果我們每個人都做出一些小改變，例如減少不必要的燈光，或許可以讓星空再次閃耀起來呢！

國際暗天協會（DarkSky International）是一個國際權威的機構，致力於保護夜空，減少城市光污染。他們希望讓世界更多地方能夠成為星空保護區（International Dark Sky Reserves）和國際暗空公園（International Dark Sky Parks），讓更多人能參與守護美麗的星空。這就像在學校圖書館裏，我們希望有一個安靜的環境來學習一樣，夜空也需要恬靜和黑暗，才能讓繁星閃耀，再次亮起來。

路燈的光滋擾會干擾天文觀測 / 2020 年攝於非洲突尼西亞

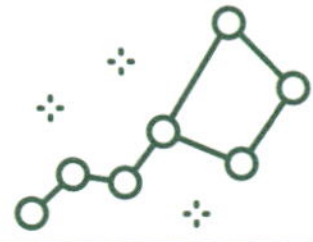

適合觀星的地點

香港天文公園

香港有不少地方適合觀星，其中最著名的就是天文公園（Hong Kong Space Museum Astropark）。這個公園位於西貢的萬宜水庫西壩，是香港首個以觀星儀器為主題的公園，專門劃分了三個區域：天文研習區、肉眼觀測區和望遠鏡觀測區。你可以看到許多仿製古代的天文儀器，就像在博物館裏學習中國天文歷史一樣！

設置於天文公園內的仿製古代天文儀器

香港太空館天文公園虛擬遊 (mfhk-vt.com/Astropark/TC) 是一個網上的導賞團，你將學到許多中國古代的天文儀器，了解四季星座，讓你在短短 10 分鐘內成為小小天文學家！

深圳西涌國際暗夜社區

在 2023 年 3 月，位於鄰近香港的深圳西涌獲得國際暗天協會認證，成為中國首個國際暗夜社區。隨後在 5 月，筆者經過兩個小時的路程，來到西涌國際暗夜社區進行夜間考察。這裏有許多當地民宿響應成為「星空客棧」，讓人們在晚上能夠欣賞到螢火蟲和夏季銀河，為天文學家和愛好者提供了一個觀星的好地方，還能進行科學研究並維持生態平衡。

盼望香港未來也能夠建立星空保護區 / 2023 攝於西涌國際暗夜社區

西涌國際暗夜社區街道上也有很多暗夜保護措施，特別設計的路燈確保光線只照向地面，減少對周圍自然環境的光污染。此外，民宿附近還有許多基礎設施和特色景點，包括著名的西涌海灘、深圳市天文台和氣象觀測基地。如想參觀深圳市天文台，請留意開放時間和提早預約。這樣一來，我們就可以在早上步行去感受大自然的美景，晚上則可以觀察美麗的星河！除了減少不必要的室外照明設備，當地天文專家也會定期監測星空的品質和夜空的光度。

澳洲星空保護區

另一個著名的觀星地點就是被譽為「全球最佳觀星地點之一」的澳洲！當地有許多星空保護區，實施暗空保護措施，確保郊外的夜空亮度符合國際暗空標準。而且在南半球，你會看到與香港截然不同的星空。

在 2023 年暑假，筆者前往被稱為「世界的盡頭」的塔斯曼尼亞（Tasmania）和新南威爾斯州，進行星空攝影和自然科學考察。澳洲致力於推動極地保護，並設立了許多海洋和自然保護區，促進星空旅遊（Astro-tourism）和自然生態體驗之旅，當晚筆者能夠在這個群星璀璨的晚上，親自享受着在夜空中斗轉星移的變化，感恩！

南半球的全天銀河 / 攝於澳洲塔斯曼尼亞的納特國家自然保護區

並且，有幸在漆黑的國家自然保護區靜靜等待，觀賞目前世界上最小的小藍企鵝（Blue Penguin）歸巢的情景，還有機會拍攝南極光（Aurora Australis）和壯麗的南半球星空！

旅程之後到了「澳洲最古老的天文台之一」悉尼天文台（Sydney Observatory）也提供天文的科普導賞，參加者除了能夠參觀這幢歷史建築，如果天氣許可，甚至能親自使用約有 150 年歷史的折射式望遠鏡進行夜間觀測，包括觀賞行星和深空天體，這真是一個難忘的體驗！同時也能感受到當地對歷史文化的保護與傳承。

觀賞小藍企鵝 / 攝於澳洲的納特國家自然保護區

使用澳洲最古老的天文望遠鏡之一 / 攝於澳洲的悉尼天文台

觀察全球各地的光污染

NOAA DMSP OLS 夜間光數據集是一個重要的資源，提供了超過 20 年的全球夜間光亮度數據，並在 Google Earth Engine 平台展示全球各地的夜間光度狀況。這使我們能夠分析不同地區的光污染程度，並以視覺方式比較城市與鄉村之間的光亮差異。透過這些數據，我們可以觀察光污染對觀星的影響，以及人類活動與自然環境之間的關係。

Google Earth Engine
註冊

NOAA DMSP-OLS
夜間光數據集

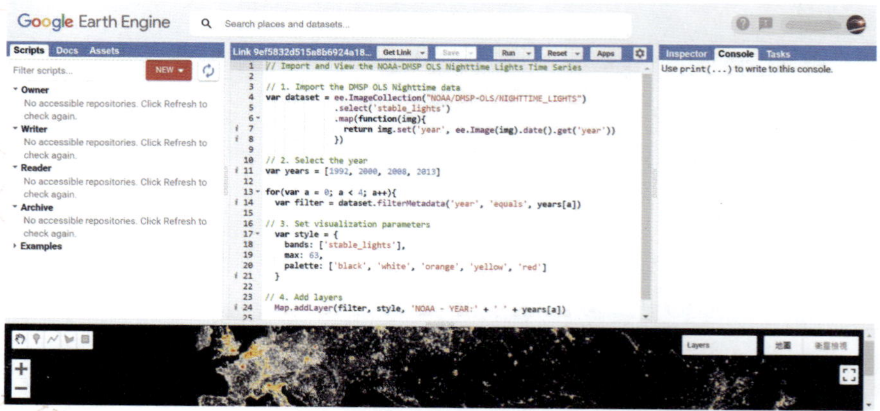

NOAA DMSP-OLS 夜間光數據集的頁面

在註冊 Google Earth Engine 帳戶後，進入「NOAA DMSP-OLS 夜間光數據集」的頁面。在這裏，不需要編寫任何代碼或進行數據輸入，便可以輕鬆使用這些夜空地圖。

放大夜空地圖後，可以根據興趣選擇想要觀察的地區。在右上角的「圖層」（Layer）按鈕中，選擇數據的年份。

例如，選擇比較 1992 年和 2023 年杜拜地區（阿拉伯聯合酋長國的重要城市）的夜空光度變化，發現這 30 年間光污染的情況有了顯著變化。

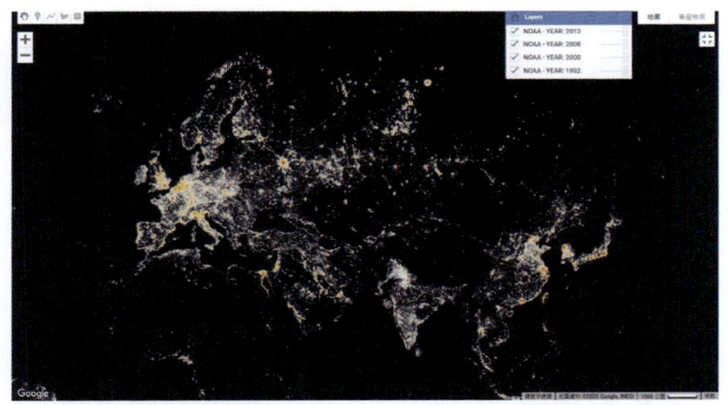

頁面顯示光污染的分佈情況

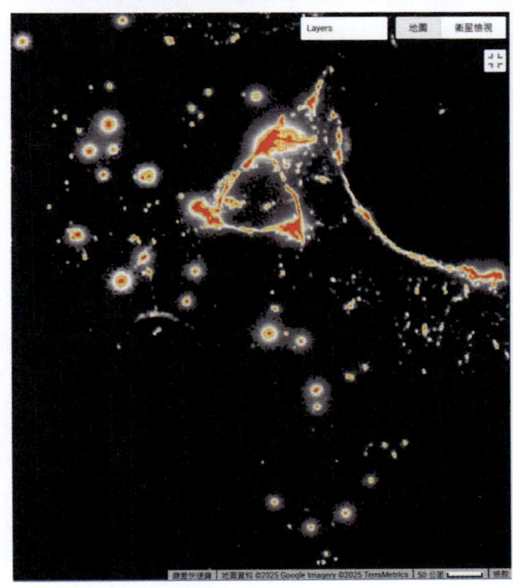

比較不同年份的光污染程度

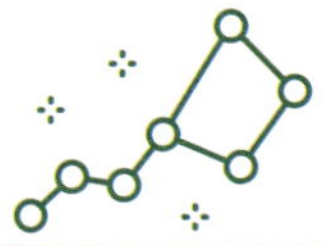

減少光污染的日常措施

為了保護星空，國際暗天協會提出了「戶外照明五原則」（Five Principles for Responsible Outdoor Lighting），這些原則就像在家裏使用燈光的情況，幫助減少光污染。

透過特別街燈設計，減少對周遭自然環境的干預和影響 / 2023 年攝於西涌國際暗夜社區

低亮度

燈光應保持低亮度，避免太亮造成刺眼或眩光，就像在溫習時用柔和的燈光閱讀。

定時器

使用定時器或感應器，確保只有在需要時才開燈。

暖色溫

選擇暖色溫的燈泡（3000K 以下），家庭照明可以考慮使用 2700K 以下色溫的燈泡，這樣對眼睛更舒適，就像用柔和的顏色裝飾房間。

星空保護區的路燈發出的光線聚焦於道路上

朝向地面

將燈光朝向地面，並安裝合適的遮光燈罩，避免光線散開。

明確用途

確保每盞燈要有明確用途，避免在同一地方安裝過多燈泡，以免浪費能源。

動手造

暗空遮光燈罩

一起製作創意的暗空遮光燈罩！所需材料非常簡單，只需要錫紙或鋁箔圓盤。可以在圓盤外邊添加各種透光圖案和玻璃紙，然後將其安裝在燈泡上，這樣就能完成了！

在錫紙或鋁箔圓盤中間穿孔

安裝在燈泡上，減少燈光影響周圍環境

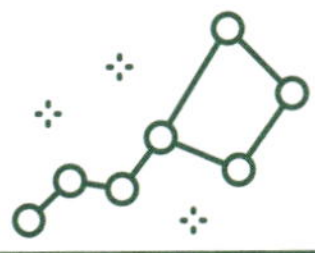

國際暗空週

每年 4 月，國際暗天協會會舉辦「國際暗空週」(International Dark Sky Week)，希望讓大眾關注光污染對城市社區和自然生態的影響。通過改變戶外照明和日常生活習慣，可以實踐可持續發展的生活模式，共同欣賞和保護美麗的星空。那時會邀請各地的專家和天文攝影師舉辦網上講座，分享星空照片，並利用社交平台推廣暗空保護的重要性。

欣賞壯麗的星空 / 攝於美國的優勝美地國家公園

Globe at Night（https://app.globeatnight.org）是其中一個重點活動，這個公民科學家計劃，邀請讀者們記錄觀測的時間、地點和周圍環境的夜空光度。

Globe at Night
網站連結

Globe at Night 公民科學家計劃 / NOIRLab/NSF/AURA

只需登入 Globe at Night 網上平台即可參與，可以按照以下步驟進行：

1. 進行天文觀測：選擇一個適合觀測的夜晚，最好是在日落後一小時以上，耐心等待，讓眼睛適應黑暗環境。
2. 尋找星座：使用手機的電子星圖或天文軟件，尋找希望提交報告的星座。
3. 輸入觀測數據：在報告頁面上，填寫觀測日期、時間、地點（包括經緯度）和周圍環境的夜空光度。
4. 選擇符合描述的星圖：從可用的星圖中，選擇讀者們所見最相符的圖像，以便準確記錄當晚天空的暗度，以及讀者們能看到的最暗星體。
5. 記錄天氣狀況：選擇觀測時的雲層覆蓋程度，並可根據天空狀況進行文字描述，然後提交讀者的數據。

邀請你成為天文領域的小小公民科學家 / Globe At Night

這些觀測數據將幫助國際天文機構繪製光污染地圖，以便統計和研究各地的光污染問題，包括能源浪費、對生活健康的影響，以及對夜間動物棲息地的干擾。

如果大家都能遵循這些原則，減少光污染，就能讓更多人看到燦爛的星星，齊來守護星空，保護夜空環境，不要讓它消失！

太空博物館舉辦的天文觀測活動 / 攝於美國謝伯特天文台

Eclipse

日食和月食

古時候，人們認為日食和月食是會帶來厄運的超自然現象，到了今天，我們都知道，日食和月食是兩種有趣的天文現象，涉及到太陽、地球和月球三者的運動。關於日食和月食的原理，下文有詳盡解釋。

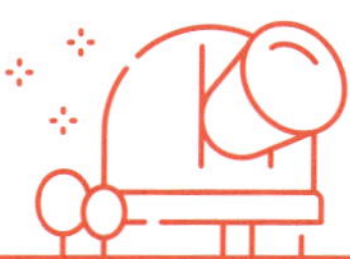

日食的原理

日食（Solar Eclipse）發生在月球位於地球和太陽之間的時候，月球會遮住了部分或全部的陽光，讓我們在地球上看到太陽變暗。日食通常在農曆初一（新月）的時候出現，當三者排成一條直線時，就會形成日食。

我們可以通過三球儀，模擬日食現象的過程

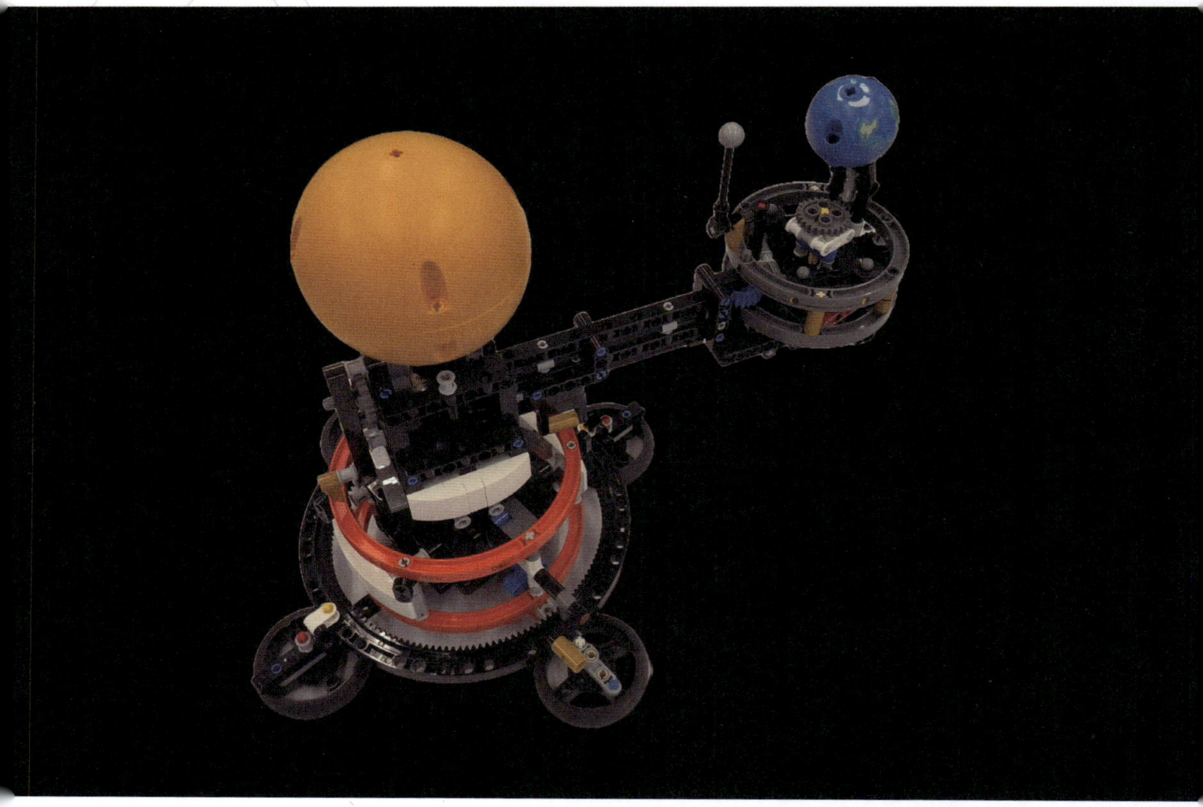

日食現象可分為四種類型：日全食、日環食、日偏食和日全環食。

日全食（Total Solar Eclipse）

月球完全遮住了太陽，讓白天變得像夜晚一樣黑暗。

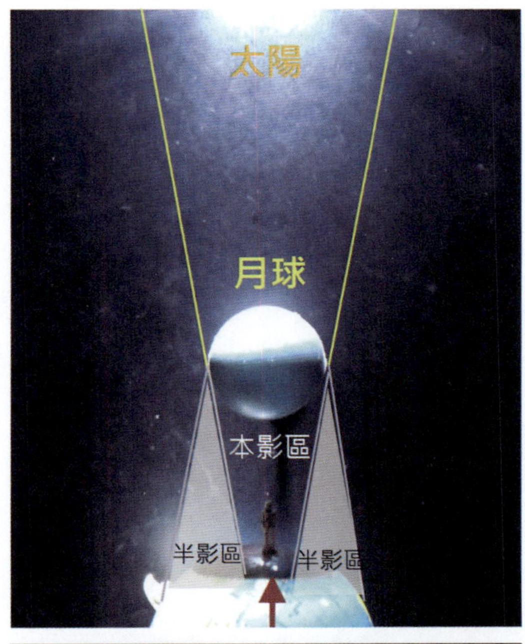

日全食發生時，太陽、月球和地球所在位置

日全食影像 / NASA

©NASA Heat

日環食（Annular Solar Eclipse）

因為月球距離地球較遠，無法完全遮住太陽，形成了一個明亮的環。

日環食發生時，太陽、月球和地球所在位置

日環食影像 / NASA

©NASA Heat

日偏食（Partial Solar Eclipse）

月球只遮住了太陽的一部分。

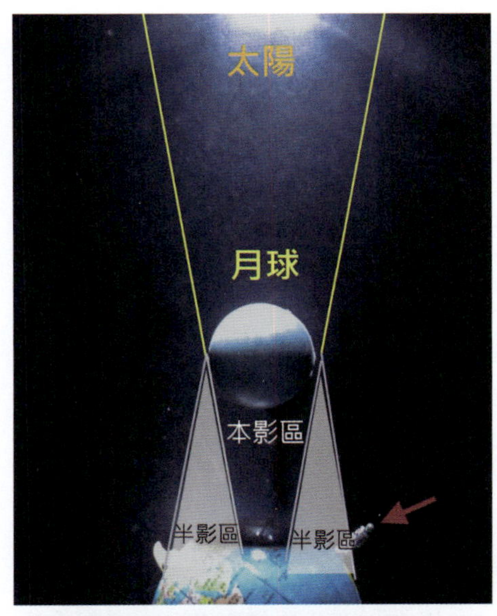

日偏食發生時，太陽、月球和地球所在位置

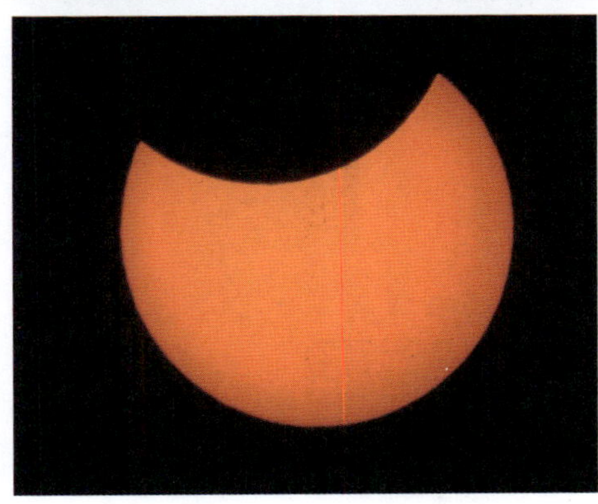

日偏食影像 / 2020 年攝於香港沙田區

日全環食（Hybrid Solar Eclipse）

這是一種罕見的天文現象，地球上部分地區會看到日全食，部分地區則會看到日環食。

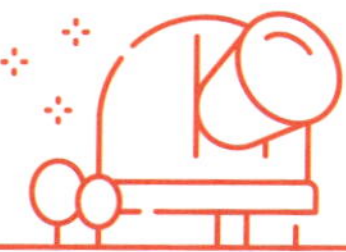

香港的日食現象

雖然每年平均會發生兩至三次日食，但是觀賞日全食是非常難得的！因為全食帶（Path of Totality）非常狹窄，只有在本影區的地方才能看到日全食，寬度僅有 200 至 300 公里，而日環食的區域則稱為環食帶（Path of Annularity）。

日食的過程非常壯觀，以「日全食」為例，整個現象可以分為五個階段：初虧、食既、食甚、生光和復圓。

我們可以透過 Micro:bit 模擬「日全食」和「日環食」現象。

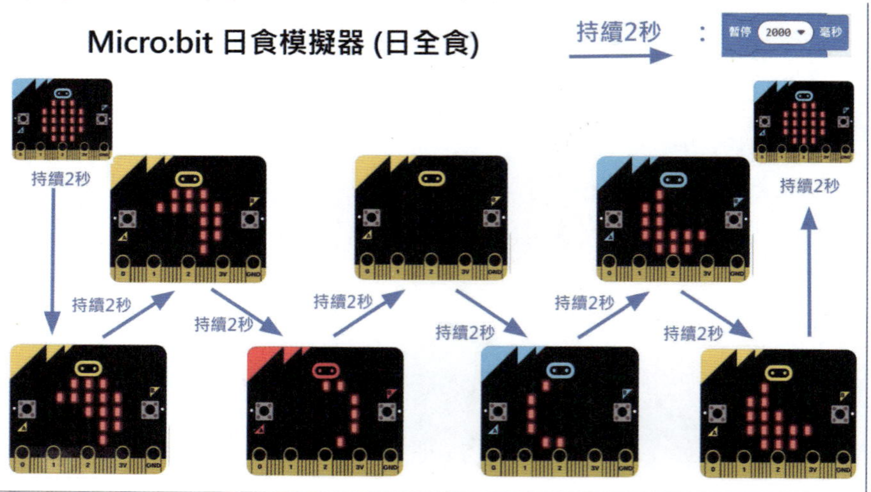

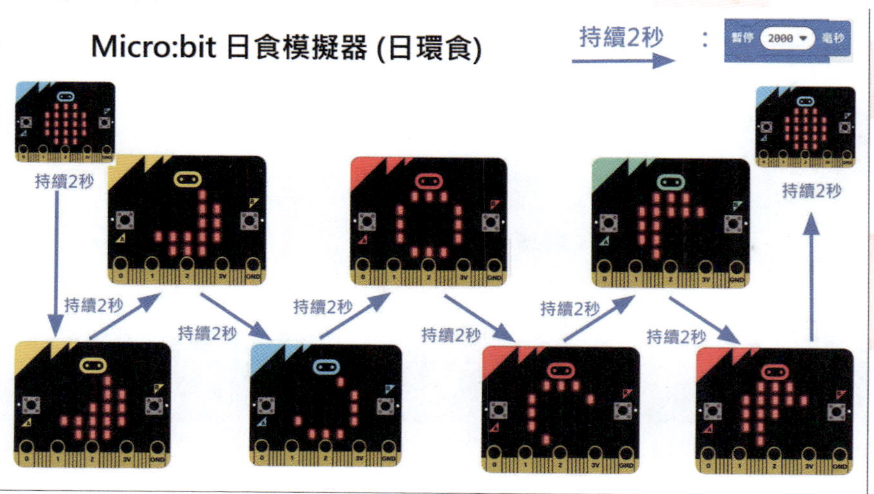

不過很可惜，香港在未來 100 年內將無法再看到日全食，但在接下來的 10 年中，香港仍有機會看到日偏食。當然，我們可以考慮到其他地方去觀賞日全食或日環食，或者使用觀星軟件「穿越時空」，在不同的時間裏欣賞日食現象！讓我們一起回顧過去 10 年在香港出現的日食現象。

2016 年 3 月 9 日的日全食（香港：日偏食）

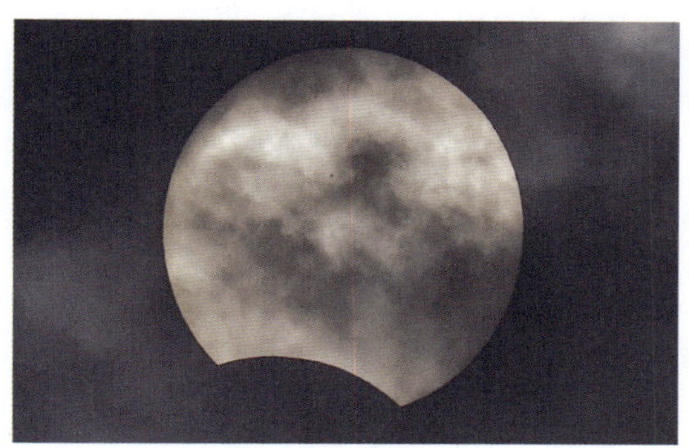

雲霧裏的日偏食 / 攝於香港沙田區

2019 年 12 月 26 日的日環食（香港：日偏食）

日偏食的觀測活動 / 攝於香港太空館

2020 年 6 月 21 日的日環食（香港：極大食分的日偏食）

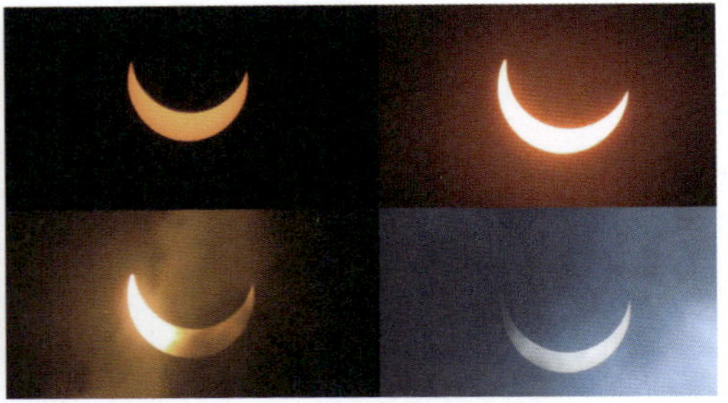

在香港，這次日食的遮掩程度達到 0.893，是未來 50 年中最大面積的日食現象 / 攝於香港沙田區

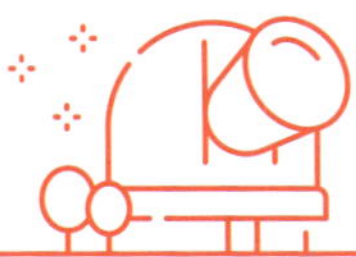

觀賞日食的方法

觀賞日食時需要特別小心，不能用肉眼直接觀看太陽，務必佩戴日食觀測眼鏡或使用太陽濾膜。以下介紹觀賞日食的不同方法。

日食觀測眼鏡 / 太陽濾膜

日食觀測眼鏡

太陽濾膜

動手造

DIY 太陽針孔投影盒

1. 在紙盒的一邊開兩個小長方形的孔，左右各一個。找一張錫紙，在中央用牙簽開一個小孔，然後貼在其中一個長方形孔上。

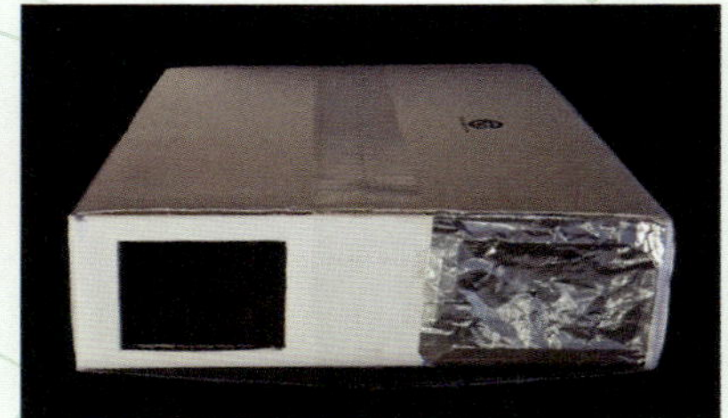

2. 在 1. 的對面貼上一張白紙，作為屏幕。然後摺出投影盒的形狀，用膠紙封好。

3. 確保投影盒是密封的，當太陽從錫紙小孔中進入盒內時，同一時間你便可以從另一個長方形孔，看到對面屏幕有一點光，當你看到小光點（太陽），你就成功了！

動手造

自製日食針孔投影卡

只需簡單在 A4 紙上打孔，然後將光線投影到白紙上，就完成了！

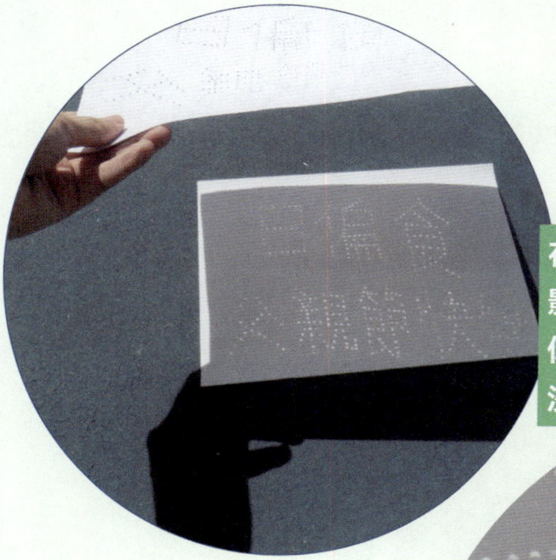

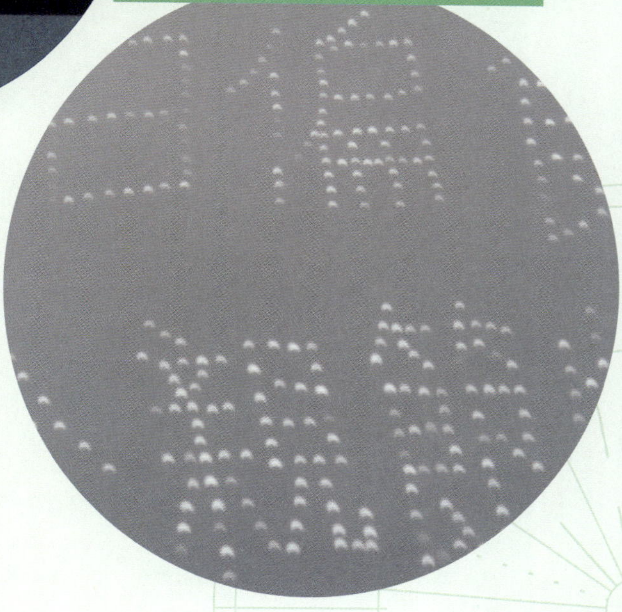

在日偏食發生時，使用日食針孔投影卡，投影出來的每一點都是「迷你版的日偏食」/ 2020 年攝於香港沙田區

太陽日珥鏡望遠鏡

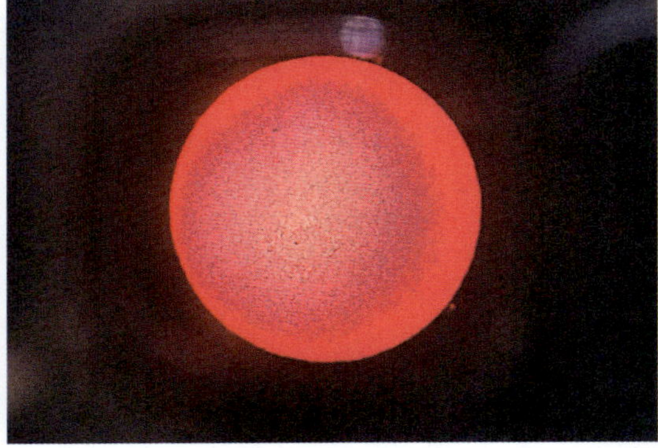

觀賞太陽色球層的日珥 / 2017 年攝於美國加州

太陽投影儀 / 望遠鏡的太陽投影器

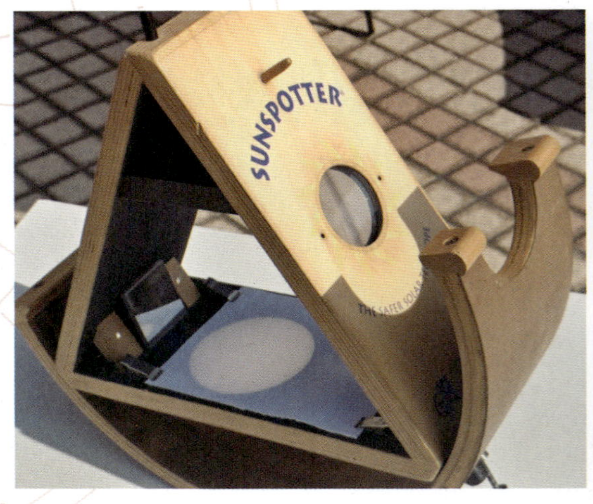

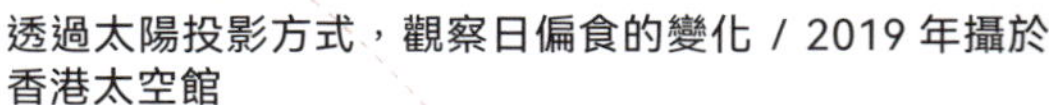

透過太陽投影方式，觀察日偏食的變化 / 2019 年攝於香港太空館

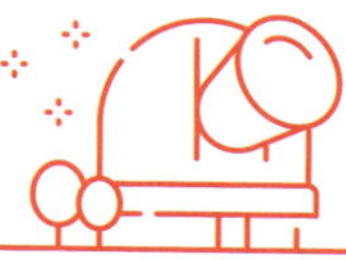

月食的形成

月食（Lunar Eclipse）發生在地球位於太陽和月球之間，月球運行至地球的影子時，太陽照射到月球的光線被地球遮擋，月球會變得暗淡。月食通常在農曆十五前後（滿月）的時候出現，當三者排成一條直線時，就會形成月食。

我們可以通過三球儀，模擬月食現象的過程

月食現象可以分為三種類型：月全食、月偏食和半影月食。

月全食（Total Lunar Eclipse）

整個月球進入地球的本影區，這時地球的影子會完全遮擋月球，讓月亮無法接收到太陽的光線，月球就會變成銅紅色。

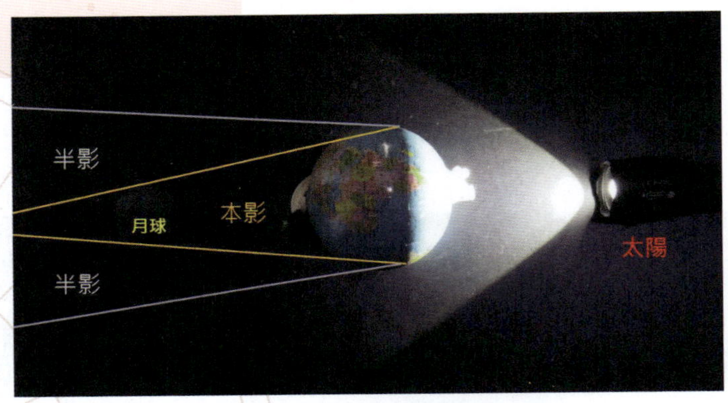

月全食發生時，太陽、地球和月球所在位置

月全食影像 / 2018 年 1 月 31 日攝於香港的沙田公園

整個「月全食」現象可以分為七個階段：半影食始、初虧、食既、食甚、生光、復圓和半影食終。在「食甚」這個階段，月亮完全進入地球的陰影，這時月亮被地球的陰影遮擋最多，也是「月全食」最精彩的時刻。

月偏食（Partial Lunar Eclipse）

是指只有部分月球進入地球的本影區。

月偏食，2019 年 7 月 17 日攝於斯洛文尼亞的盧比安娜

半影月食（Penumbral Lunar Eclipse）

是指月球進入地球的半影區，這時月亮的光線會稍微變暗，但變化不太明顯。

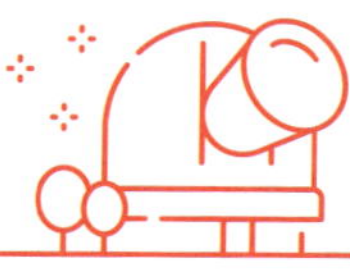

香港的月食現象

無論是觀察還是拍攝月球，我們是可以用肉眼看到「月食」現象。不過，如果使用望遠鏡、長焦距相機或雙筒望遠鏡，我們就能更清楚地記錄這個「難得一見」的天文現象！

用望遠鏡觀賞月球時，要注意讓眼睛慢慢適應光線的變化。因為月球的光線對比很強，黑暗中瞳孔放大後容易讓眼睛感到疲勞和不舒服，就像我們在睡覺時突然被強光照到一樣。希望你能享受觀賞「月全食」的樂趣！讓我們一起回顧過去 10 年出現的月全食現象。

2018 年 1 月 31 日的月全食

能夠在好天氣下觀察整個現象，非常難得 / 攝於香港沙田區

2015 年 4 月 4 日的月全食

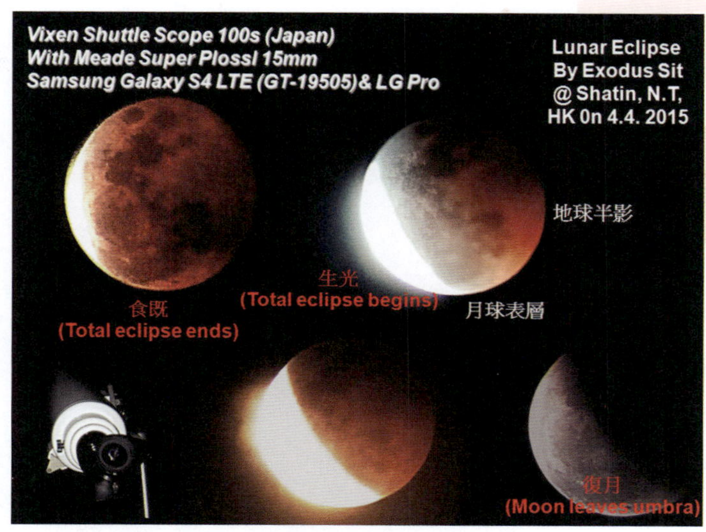

「月全食流程圖」的展示方法 / 攝於香港沙田區

2014 年 10 月 8 日的月全食

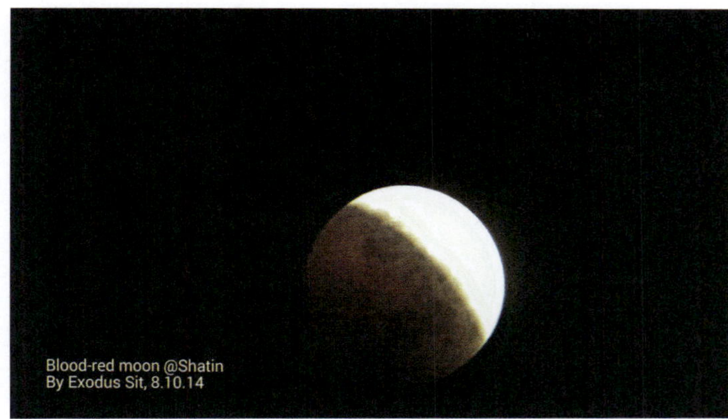

筆者早期記錄的月全食現象 / 攝於香港沙田區

Full Moon

滿月

每年的中秋節，大家都會提到要看滿月（Full Moon）。這個節日是慶祝團圓和豐收的時刻，當夜空中出現圓圓的滿月時，象徵着家人團聚、幸福美滿。其實，月球並不會自己發光，它是因為太陽的光照射到它的表面，然後反射到地球，我們才能看到明亮的月球。那麼，滿月是怎麼來的呢？

滿月 / 2018 年攝於香港

月相的形成

由於月球環繞地球運行，隨着它和太陽光的位置變化，我們每天看到的月球形狀都不一樣，有月相盈虧圓缺的變化，稱為月相（Moon Phase）。

月相週期有八種月相，按次序是新月（朔）、娥眉月、上弦月、盈凸月、滿月（望）、虧凸月、下弦月和殘月。

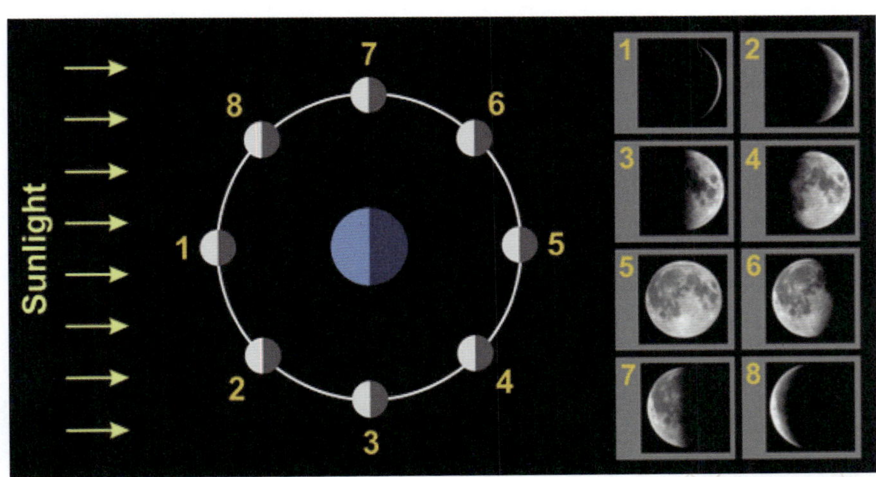

1：新月、2：娥眉月、3：上弦月、4：盈凸月、5：滿月、6：虧凸月、7：下弦月、8：殘月

©Screenshot of the Lunar Phase simulator hosted on the Astronomy Education at the University of Nebraska-Lincoln Web Site (https://astro.unl.edu)

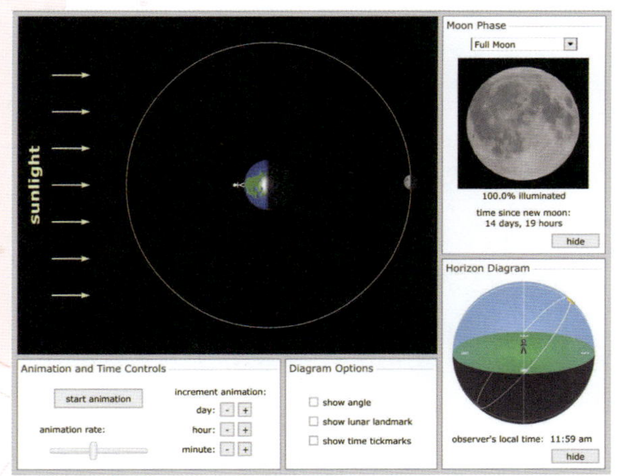

月相週期和月相模擬器 / 內布拉斯加林肯大學天文教育網站

內布拉斯加林肯大學天文教育網站連結

我們透過電筒照射月球模型，模擬了月球如何反射太陽光，讓我們在地球上觀察到月球。

我們也可以通過月相變化演示儀器，了解滿月的狀態。

月球模型反射電筒發出的光

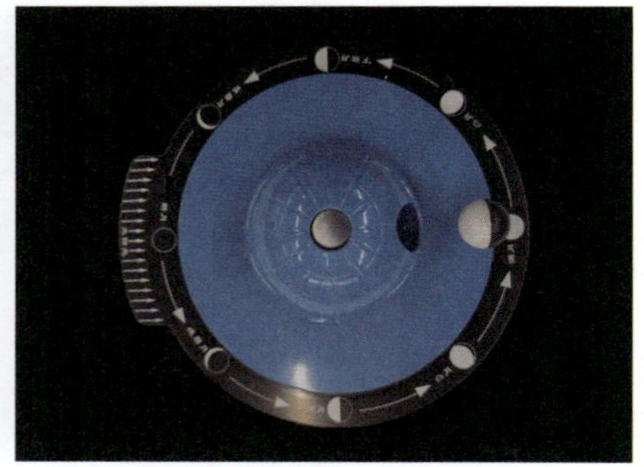

月相隨着月球運動而變化

月相的變化

以下是其中四個主要的月相，包括新月、上弦月、滿月和下弦月。

新月（New Moon）

月球位於地球和太陽之間，並和太陽一起升起。這時候，月球的背面朝向我們，所以我們看不見它。

如果在新月的時候，月球、太陽和地球正好排成一條直線，就會發生日食。

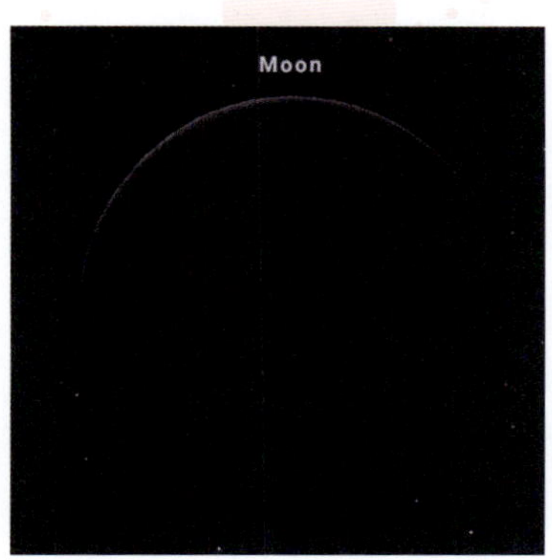

月球不受光的背面朝向地球

© Stellarium

上弦月
(First Quarter Moon)

月球繞着地球轉了一小段距離，達到四分之一時，我們可以看到半個月球，右邊是被陽光照亮，左邊是黑暗的，像一個「D」字。

右邊月球被陽光照亮

滿月（Full Moon）

地球位於月球和太陽之間，整個月球都被陽光照亮，我們就能看到圓圓的滿月。滿月通常在日落後升起，整晚都能看到，是最亮、最美的月相。

如果在滿月的時候，月球、太陽和地球正好排成一條直線，就會發生月食。

陽光照亮整個月球

下弦月 (Third Quarter Moon)

下弦月與上弦月很相似，但照亮的部分不同。我們同樣能看到半個月球，不過這次是左邊被陽光照亮，右邊是黑暗的，像一個「C」字。

陽光照亮月球的左邊

透過 Micro:bit 月相模擬器，我們可以模擬月相週期。

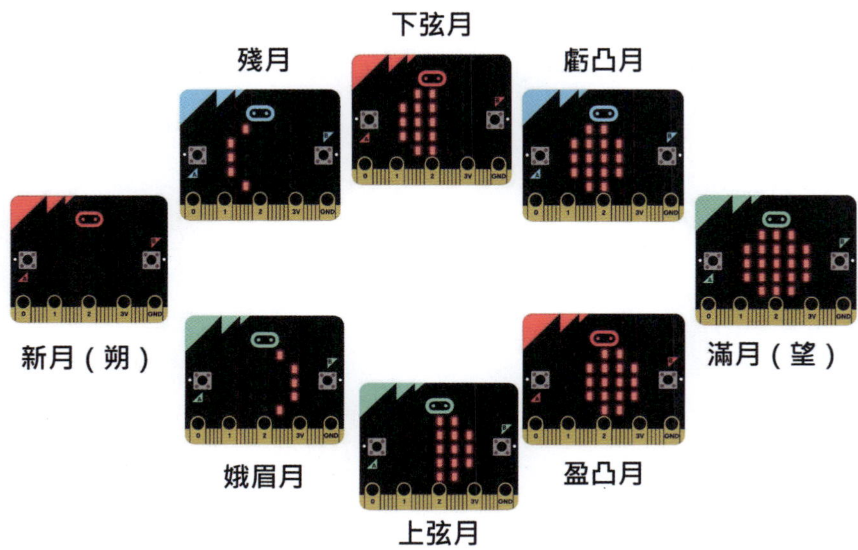

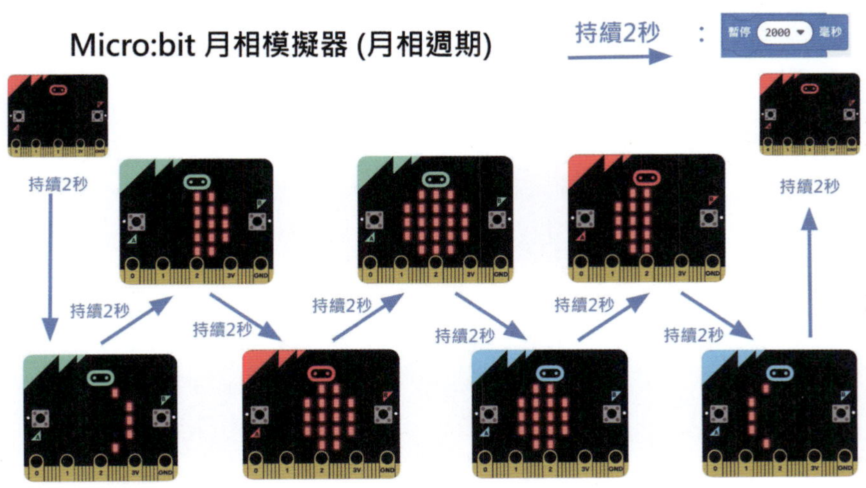

Galileo

伽利略

相信大家對於伽利略（Galileo Galilei）這個名字不會感到陌生，他是意大利著名的物理學家和天文學家，被譽為「現代觀測天文學之父」（Father of Observational Astronomy）。雖然他不是望遠鏡的發明者，但他對於望遠鏡的改造和應用，推動了天文學的發展，改變了人類對宇宙的認識。

最早的望遠鏡

望遠鏡最早的雛形可以追溯到 1608 年，由荷蘭眼鏡製造商漢斯・李普希（Hans Lippershey）所製造。他無意中將兩塊透鏡放在一起觀看時，發現可以放大遠處的物體，使其看起來更近，這就是折射式望遠鏡（Refracting Telescope）。可惜李普希未能成功申請專利，而這款望遠鏡的設計在歐洲迅速傳播並開始生產。

伽利略像 / 2024 年攝於意大利的佛羅倫斯國立中央圖書館

動手造

創意望遠鏡

讓我們一起動手造創意望遠鏡吧！除了可以使用紙筒外，還可以考慮用積木進行拼砌。

1. 需要準備兩個透鏡

一個是物鏡（接近觀察物體的透鏡）和一個目鏡（靠近眼睛的透鏡）。這兩個透鏡將用來聚焦光線並放大影像。

2. 組裝望遠鏡結構

使用積木或其他材料拼砌出望遠鏡的基本結構。確保透鏡固定在適當的位置，以便光線能夠通過並形成清晰的影像。

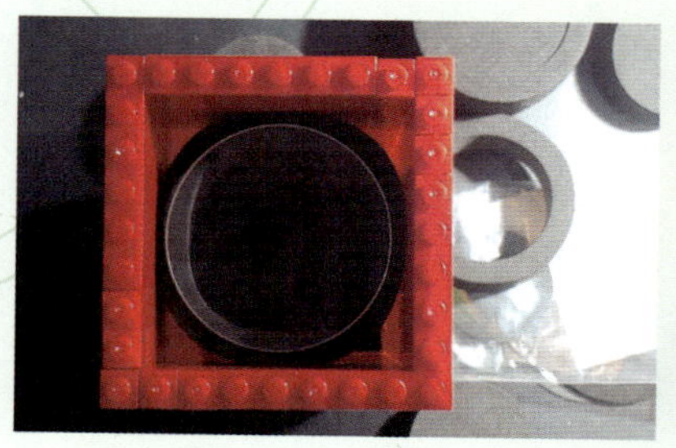

3. 設計與測試

設計望遠鏡的外觀，並進行測試以檢查其效能。調整透鏡的位置以獲得最佳的觀察效果，確保能夠清晰地看到遠處的物體。

伽利略改良望遠鏡

在 1609 年，伽利略受到這項發明的啟發，決定自己製造一台改良版的望遠鏡，他透過提升透鏡的品質和調整設計，使得望遠鏡的倍率更高，能夠看到更清晰的影像，被稱為「伽利略望遠鏡」(Galileo's Telescope)。

利用改良後的望遠鏡，許多重要天體被伽利略觀測到了，包括木星的四顆主要衛星（後來稱為伽利略衛星）、土星環、太陽黑子、月球表面的隕石坑和銀河系中的星體等。這些發現推動了科學革命的發展，為後來的天文學奠定了基礎。

不少歷史古蹟也會看到伽利略的紀念雕塑 / 攝於意大利的佛羅倫斯

木星和木星的衛星（伽利略衛星）

望遠鏡下的土星環

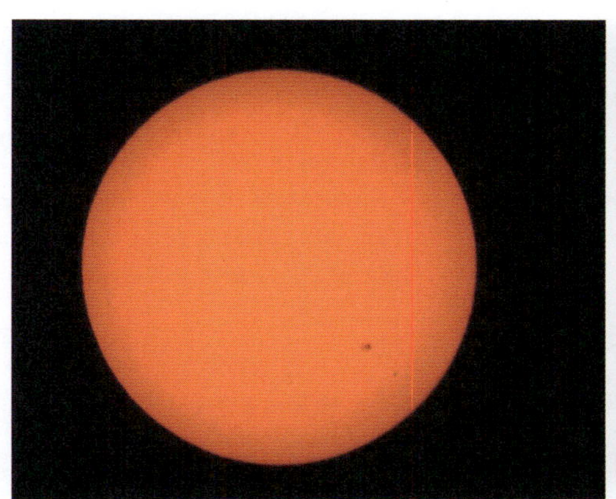

太陽黑子和月球表面的隕石坑

當時，「地心說」（Geocentric Model）被社會廣泛接受，這個理論認為地球是宇宙的中心，所有天體都圍繞着地球旋轉。然而，伽利略透過望遠鏡觀察到木星的衛星圍繞木星公轉，證明並非所有天體都圍繞着地球運行，這為「日心說」（Heliocentric Model）提供了有力證據，表明太陽才是宇宙的中心。伽利略對日心說的支持引起了教廷的不滿，最終導致他被迫放棄自己的觀點，其後回到佛羅倫斯。

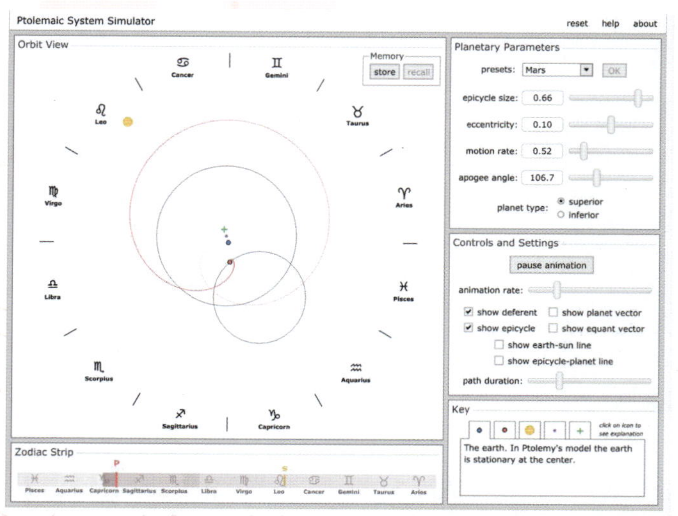

托勒密的地心說模擬器 / 內布拉斯加林肯大學天文教育網站（https://astro.unl.edu/naap/ssm/animations/ptolemaic.html）

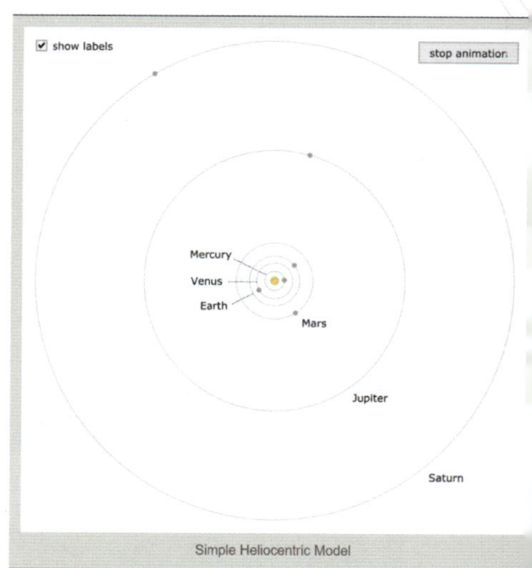

日心說模擬器 / 內布拉斯加林肯大學天文教育網站（https://astro.unl.edu/naap/ssm/heliocentric.html）

筆者在 2024 年展開歐洲之旅，尋找伽利略的足跡 / 攝於意大利佛羅倫斯的烏菲茲美術館

伽利略的科學探索

除了在天文學上的成就，伽利略做了很多實驗來驗證物理學。傳聞他曾在比薩斜塔（Leaning Tower of Pisa）上進行自由落體實驗，同時從塔上放下不同重量的物體，結果發現它們幾乎同時落到地面。這項實驗挑戰了亞里斯多德的傳統觀點（認為重物和輕物下落的速度不同），為後來的物理學發展奠定了基礎。伽利略強調實驗觀察的重要性，他的方法被認為是現代科學方法的重要部分。

比薩斜塔位於奇蹟廣場，還有其他著名的羅馬式建築，包括比薩主教座堂、聖若望洗禮堂和墓園，普遍有超過 600 年的歷史 / 攝於意大利的比薩

儘管面臨教廷的壓力，伽利略仍堅持自己的科學探索。在被迫放棄日心說的觀點後，他回到佛羅倫斯的家中，仍繼續努力進行研究，直到 1642 年去世。他被安葬於佛羅倫斯的聖十字架大殿（Santa Croce）現在也成為了紀念他的地方。

聖母百花聖殿是意大利最大的教堂之一，而其磚紅色的圓頂是有史以來最大的磚造穹頂 / 攝於意大利的佛羅倫斯

今天，伽利略博物館（Museo Galileo）收藏了許多與伽利略相關的重要文物，包括他的望遠鏡、手稿和其他科學儀器，成為研究伽利略及其貢獻的重要場所。透過這些歷史文物，我們能夠更深入地理解這位偉大科學家的成就，認識他對現代科學發展的影響。

伽利略博物館的巨型日晷／攝於意大利的佛羅倫斯

Hubble Space Telescope

哈勃太空望遠鏡

為甚麼會有太空望遠鏡（Space Telescope）呢？原來，當我們在地球看天上的星星時，會發現有些星星的光點看起來有點模糊，就像在水裏看東西一樣。這是因為地球的大氣層像一層透明的水膜，會讓光線變得不清晰。為了讓我們看到更清楚的星體，科學家們就發明了太空望遠鏡，把它送上太空，因為沒有大氣層的干擾，這樣就能清晰地拍攝到遙遠的星體影像，讓我們能夠看到宇宙的奧妙！

此外，在太空中拍攝還可以記錄到地球上看不到的光，比如紫外線和紅外線，幫助科學家了解更多宇宙的奧秘，例如恆星是如何誕生的，或者星系的形成過程。

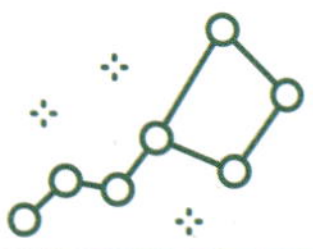

捕捉宇宙中的星體

3D 哈勃太空望遠鏡的飛行軌跡和實時位置 / Eyes on the Solar System

哈勃太空望遠鏡（Hubble Space Telescope）於 1990 年由美國太空總署發射，是通過發現號太空穿梭機（Space Shuttle Discovery）運送到太空中的，實現了天文學家多年來的夢想。想像一下，哈勃像一個巨大的光學望遠鏡，在距離地球約 540 公里的太空，像人造衛星一樣繞地球運行，能夠清晰地拍攝到宇宙中的星體、星系和星雲。

積木模型有助了解太空望遠鏡的結構和功能

太空穿梭機積木模型

哈勃太空望遠鏡的特別之處在於它能夠使用不同波段的光來拍攝。這意味着它不僅能拍攝我們肉眼可見的光，還能捕捉到紫外線（Ultraviolet）和紅外線（Infrared）的不可見光，讓我們看到星雲中美麗的顏色和形狀。

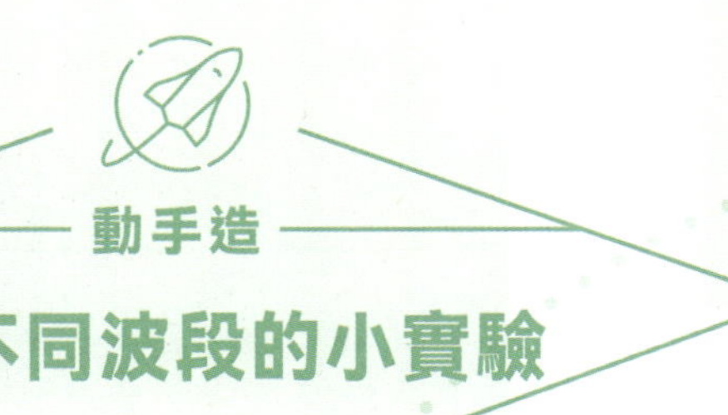

動手造

模擬不同波段的小實驗

步驟 1

準備一張白紙，用紅色筆和紫色筆在白紙上繪畫不同的圖案，例如星系的形狀。

步驟 2

取一張紅色和紫色的半透明卡，分別放在畫作上方進行觀察。你會發現，透過不同顏色的透明卡，你能夠看到圖案的不同細節和效果。這反映哈勃太空望遠鏡使用不同波段的光，會記錄到星體的不同細節。

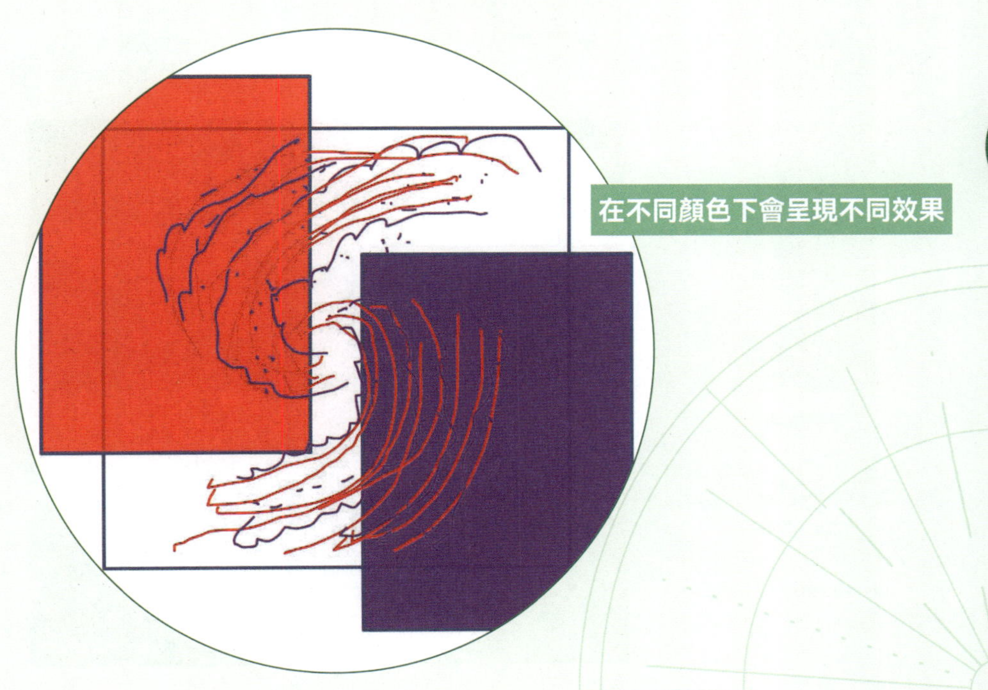

在不同顏色下會呈現不同效果

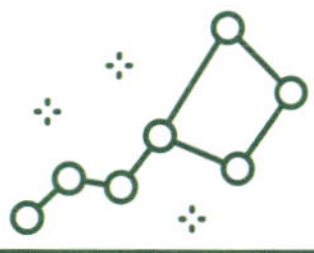

欣賞壯觀的星象照片

哈勃太空望遠鏡

它已經拍攝了許多壯觀的照片，例如螺旋星系 NGC 5643 照片，這幫助了科學家們進一步理解星系如何形成和演變。還有著名的「創生之柱」(Pillars of Creation)，位於巨蛇座的鷹星雲內，看起來像巨大的煙霧柱，其實是恆星誕生的地方。

Wavelength 展示各種太空影象

這是美國太空總署的一個科普網站，展示了使用不同波長的光拍攝的星體。你可以左右拉動中間的白色線，比較一般的可見光和其他光的效果。

Wavelength
網站連結

「創生之柱」的可見光和紅外線影像 / NASA 哈勃太空望遠鏡

What Did Hubble See on Your Birthday?
生日星象圖

這是美國太空總署為了慶祝「哈勃太空望遠鏡 30 週年」而設的網站。只要你選擇自己的生日日期，就可以看到哈勃太空望遠鏡在你生日那天拍到的美麗星象圖片，每張圖片下方還有簡單的解說，讓你了解這些星體的科學知識！

What Did Hubble See on Your Birthday?
網站連結

What Did Hubble See on Your Birthday? 網站還有很多互動項目

與哈勃太空望遠鏡工程師 Ed Rezac 合照 / 攝於美國太空嘉年華

Hubble Skymap 網上星圖

這是一個有趣的網上星圖，通過哈勃太空望遠鏡的視角，隨時隨地探索夜空中的星體。當你將滑鼠指向圖標上時，就會顯示該天體的名稱，以及哈勃太空望遠鏡拍攝的高清圖片，再點擊後會有更詳細的文字介紹。

Hubble Skymap
網頁連結

The Hubble Skymap puts the night sky at your fingertips any time of day. Roam the Milky Way to find a selection of galaxies, stars, nebulae and more, and click for a Hubble's-eye-view of each object.

To explore the skymap, scroll, double click, or pinch/swipe to zoom in and out. Roll over an icon to see the object, click to zero in, and click again for a detailed view and a description. Drag the map to navigate.

A text version is available for screen readers. For the best experience on mobile, please rotate your phone to landscape mode.

Full Skymap

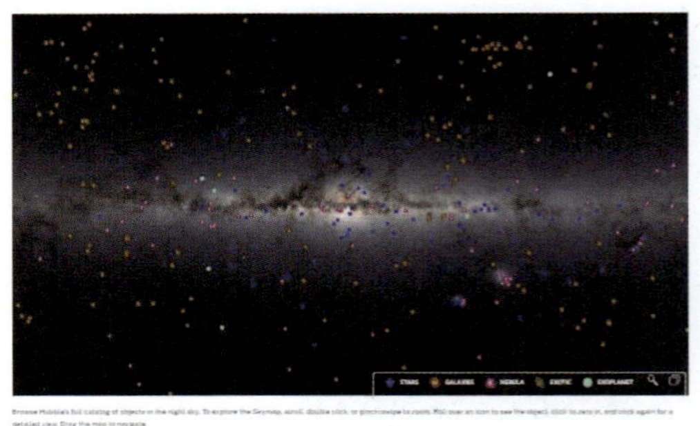

恆星（Stars）、星系（Galaxies）、星雲（Nebula）、奇特星（Exotic）、太陽系以外的行星（Exoplanet）

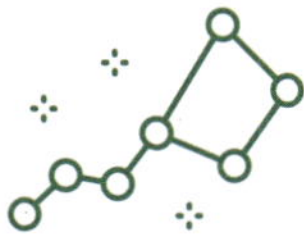

韋伯太空望遠鏡

隨着科技的進步，哈勃太空望遠鏡將在未來會被詹姆斯 · 韋伯太空望遠鏡（James Webb Space Telescope）取代。韋伯太空望遠鏡是新一代太空望遠鏡，於 2021 年發射升空，它的主鏡直徑約 6.5 米，比哈勃太空望遠鏡大很多，主要使用紅外線進行觀測，可以觀測到更遙遠、更暗的宇宙天體，並能夠拍攝更清晰的影像，幫助科學家研究宇宙的起源和演變。

詹姆斯 · 韋伯太空望遠鏡的積木模型

3D 詹姆斯 · 韋伯太空望遠鏡的實時位置 / Eyes on the Solar System

Build It Yourself: Satellite! 是一個學習設計太空望遠鏡的遊戲，就像學校的科學實驗一樣有趣！

Build It Yourself:
Satellite! 網站連結

步驟 1

你需要選擇你想要研究的天文學主題，例如恆星的誕生、早期宇宙、星系或太陽系以外的行星。

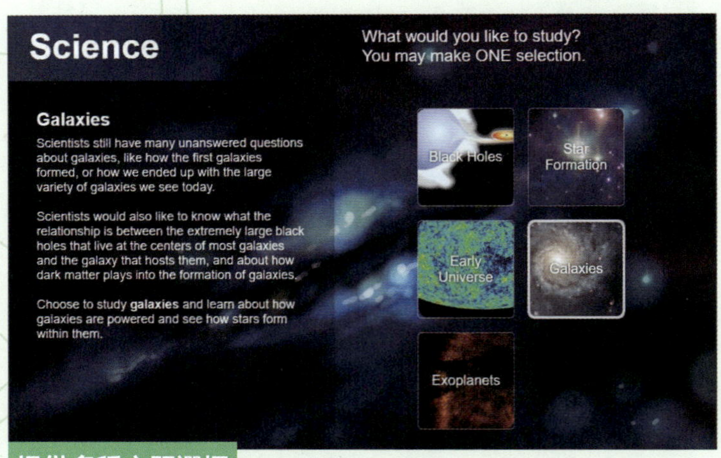

提供多種主題選擇

步驟 2

你可以選擇想使用的光波長，包括紅外線（Infrared）、可見光（Optical）、紫外線（Ultraviolet）、微波（Microwave）、X- 光（X-Ray）、伽馬射線（Gamma-Ray）。

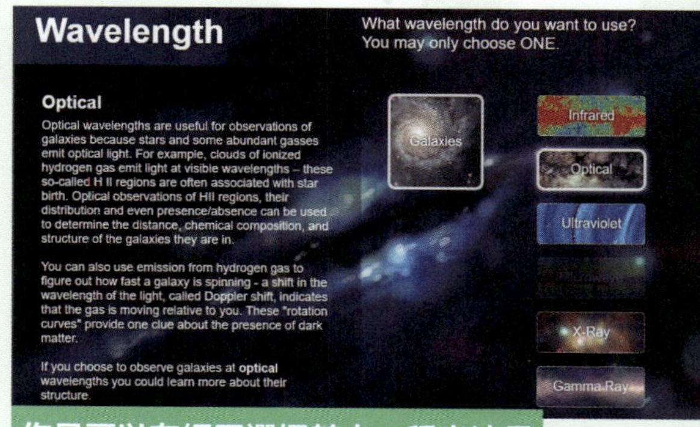

你只可以在網頁選擇其中一種光波長

步驟 3

選擇儀器和光學設備，建議你選擇較簡單的設置，以下是其中一些選擇：

- 光譜儀（Spectrometer）、相機（Camera）、單主鏡（Single Primary）
- 使用多個鏡子彼此嵌套在一起（Nested）
- 無光學（No Optics）
- 檢測輻射的比例計數器（Proportional Counter）
- 受到輻射時會發出微弱光的閃爍器（Scintillator）
- 輻射計（Radiometer）

網頁提供了不同的儀器和設備選擇

步驟 4

當你完成設計後，便可以發射你的衛星，看看它的樣子！

最後會顯示你設計的太空望遠鏡可能觀察到的太空景觀

Impact Crater

隕石坑

在天朗氣清的晚上，當我們透過望遠鏡觀賞月球時，會發現月球表面佈滿了許多凹凸不平的隕石坑（Impacted Crater），這些坑洞是無數隕石撞擊留下的痕跡。這些環形山不僅是月球的獨特景觀，也讓我們思考這些隕石的來源。

托勒密環形山（Ptolemaeus）、阿方索環形山（Alphonsus）和阿爾扎赫爾環形山（Arzachel）/ 攝於美國的塔瑪爾巴斯山

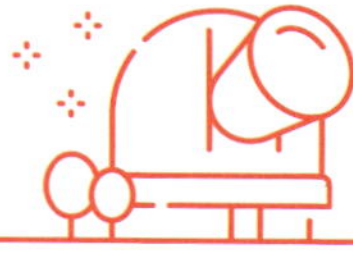

追蹤隕石來源

小行星

小行星（Asteroid）是來自外太空的岩石，主要集中在火星和木星之間的小行星帶，這個區域估計有多達 50 萬顆小行星圍繞着太陽運行。現時天文學家認為，小行星是太陽系形成過程中的殘留物，它們的軌道受到木星引力的影響，常常發生碰撞和破碎。

Eyes on Asteroids 是 NASA 美國太空總署的 3D 實時追蹤小行星的工具。透過這個工具，我們可以從太空的角度，探索靠近地球軌道的小行星和彗星，了解小行星帶中一些特別的天體，並認識我們太陽系中的天體是如何移動的。

Eyes on Asteroids
網站連結

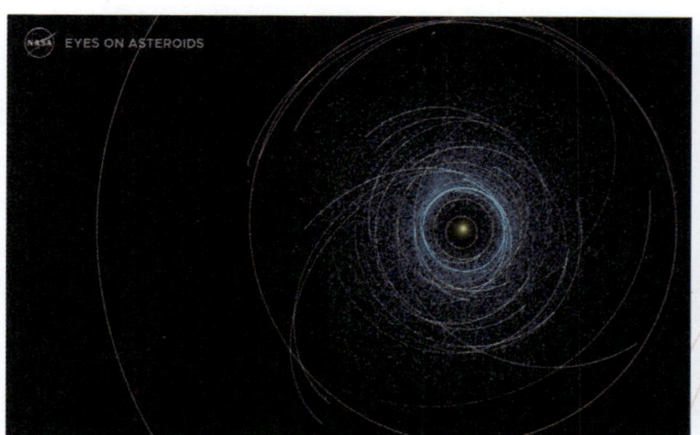

透過 Eyes on Asteroids，可以實時追蹤太空中的小行星
©Courtesy NASA/JPL-Caltech

太陽系模型展示小行星的分佈區域 / 攝於香港太空館

流星體

比小行星小的太空岩石碎片，會稱為流星體（Meteoroid），當流星體進入地球大氣層並燃燒時，就會形成流星（Meteor）；如果流星在進入大氣層時，沒有完全燃燒，並且落到地球表面上，就會稱為隕石（Meteorite）。

隕石大多來自小行星帶，經歷漫長的旅程後，最終墜落到天體（例如地球和月球）的表面上 / 2023 年攝於芬蘭的北極地區

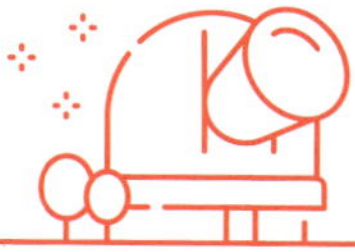

隕石的類型

來自外太空的小碎片，當它們穿過大氣層並掉落到地球上時，就成為了我們所說的隕石。根據它們的成分，隕石可以分為三種主要類型：石隕石、石鐵隕石和鐵隕石。

原來舉起隕石的感覺比筆者預想的還要沉重 / 攝於美國加州

石隕石（Stony Meteorite）

石隕石是最常見的，大約有 95% 的隕石都是這一類，主要由矽酸鹽礦物組成。它可以再細分兩種：球粒隕石（Chondrite）估計是在太陽系誕生的初期形成的；無球粒隕石（Achondrite）則經過地質變化，看起來像地球上的岩石，有機會來自月球、火星、灶神星或小行星。

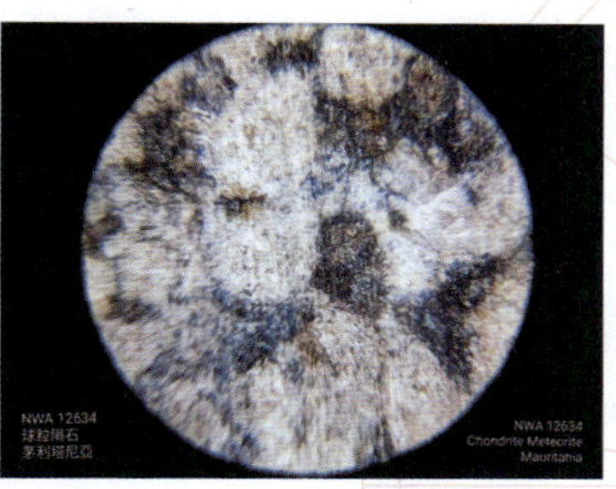

石隕石（球粒隕石）樣本、顯微鏡下的影像

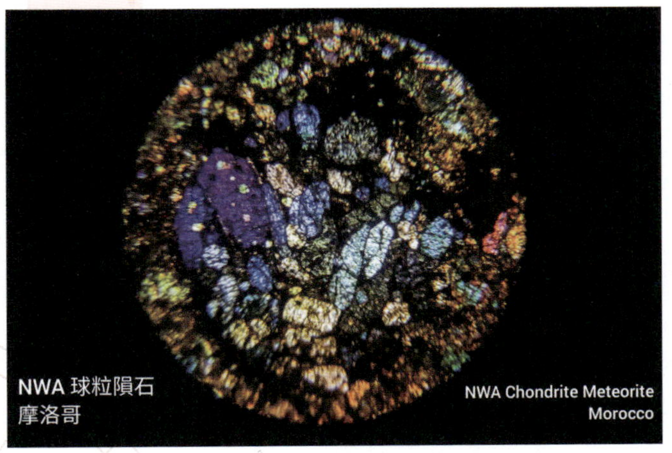

石隕石（球粒隕石）顯微鏡下的影像

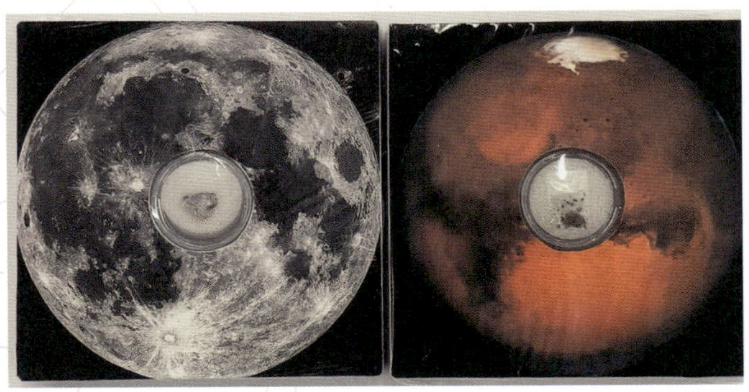

月球隕石和火星隕石（無球粒隕石）樣

月球隕石和火星隕石（無球粒隕石）顯微鏡下的影像

鐵隕石（Iron Meteorite）

它們主要由鐵和鎳組成，估計來自於曾經熔化的小行星的核心。這些隕石在打磨後會出現漂亮的「魏德曼花紋」（Widmanstätten Pattern），這種花紋在地球上的天然岩石是找不到的哦！

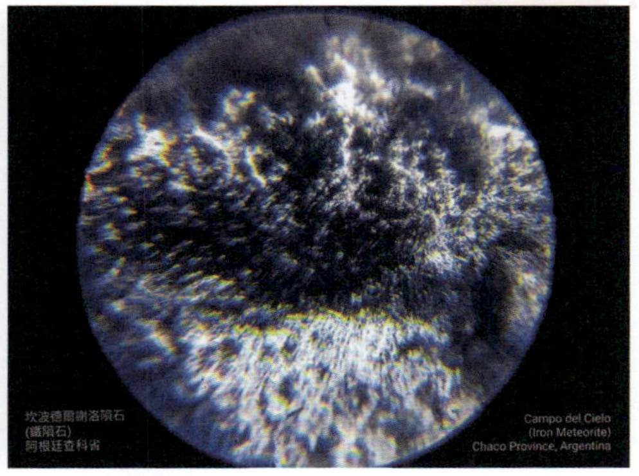

鐵隕石樣本、顯微鏡下的影像

石鐵隕石（Stony-iron Meteorite）

這種隕石由石礦物和鐵鎳合金組成，是稀少的隕石類型，內含外太空晶瑩剔透的半寶石。科學家認為，它們曾經是行星的地幔和核心的一部分，外觀上有着獨特的特徵。

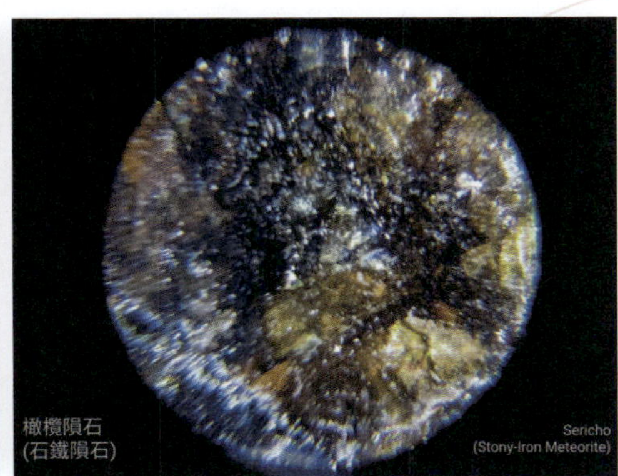

石鐵隕石樣本、顯微鏡下的影像

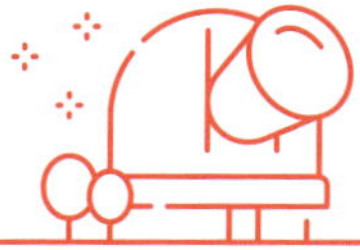

隕石小知識

Asteroid Launcher

Asteroid Launcher 是一個隕石撞地球模擬器，我們可以在地圖上選擇地方，設定隕石的大小和速度，模擬隕石撞擊地球的效果。它會計算出隕石撞擊後造成的損害範圍和影響，例如會產生多大的隕石坑、衝擊波有多強，甚至可能引起地震或海嘯！

Asteroid Launcher 網站連結

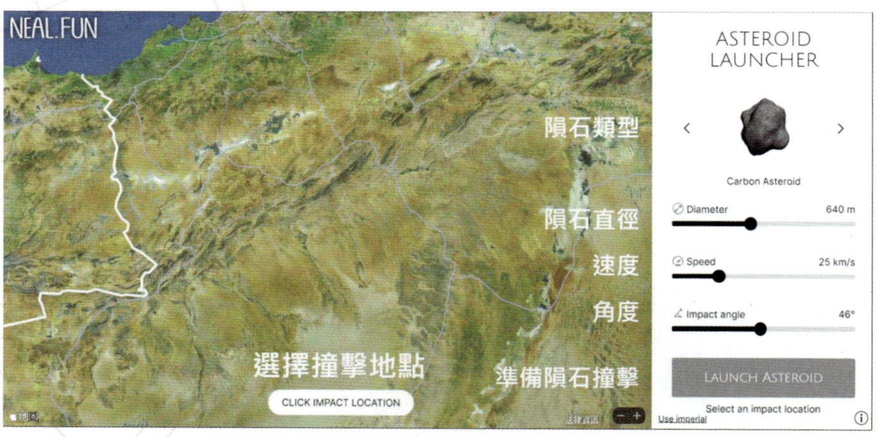

根據你的設定摸擬隕石撞擊地球的威力

隕石地圖

以下是一些隕石地圖，能夠幫助我們了解隕石在地球上的分佈情況。隕石地圖顯示了隕石掉落的地方，讓我們知道哪些地區曾經被隕石撞擊過，有助我們了解世界各地的隕石坑。

MeteorMaps
網站連結

Impact Earth
網站連結

隕石坑中的撞擊石（Impactite）是隕石撞擊地球後，與地球岩石融合而形成的（樣本及顯微鏡下的影像）

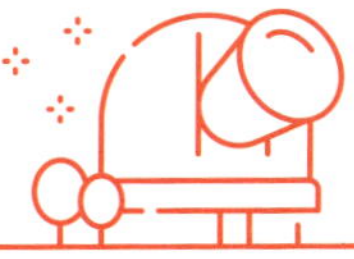

流星的種類

每次提到流星，我們可以把它分成三類：流星、火流星和流星雨。

流星（Meteor）

當流星體進入地球的大氣層並燃燒時，就會形成閃亮的流星。流星出現的機會很多，但觀賞時需要運氣，通常在晴朗的天氣下，每小時可以看到 2 至 3 顆流星。

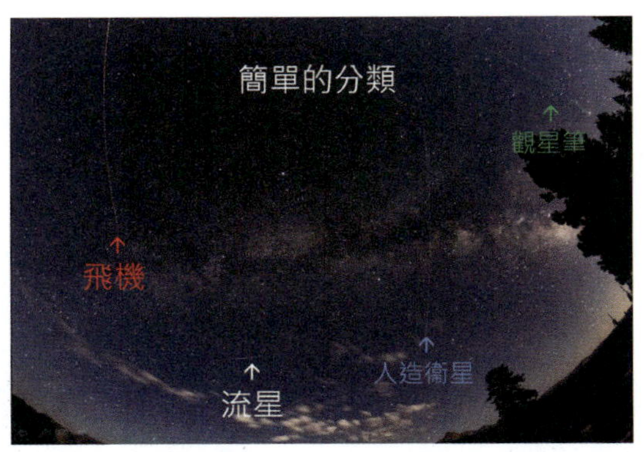

夜空中移動天體的分類 / 攝於美國的優勝美地國家公園

火流星（Bolide/Fireball）

有時候，我們會看到特別明亮的流星，叫做火流星，它們有機會比金星和木星還要亮，並且在夜空中飛行時可能會發出聲音，並留下煙霧痕跡。

星空、銀河與流星 / 攝於美國的優勝美地國家公園

流星雨（Meteor Shower）

流星雨就是在同一片天空中會有很多流星出現。這是因為彗星在繞太陽運行時，會留下許多小碎片。當地球每年經過這些碎片時，它們會進入大氣層，形成流星雨。流星會從特定的「輻射點」（Radiant）散開，因此我們可以根據附近的星座來命名這些流星雨。

筆者記得小時候在香港觀賞流星雨的時候，發現流星的數量似乎沒有預期中那麼多。其實，流星雨並不像下雨那樣誇張。我們可以參考天頂每時出現率（Zenithal Hourly Rate, ZHR），這是在最佳觀賞條件下，預測每小時能看到的流星數量。

推薦大家觀賞 1 月的象限儀座流星雨（Quadrantids）、8 月中的英仙座流星雨（Perseids）或 12 月的雙子座流星雨（Geminids），這些是流星雨高峰期，每小時約有 100 顆流星出現（ZHR 100）。

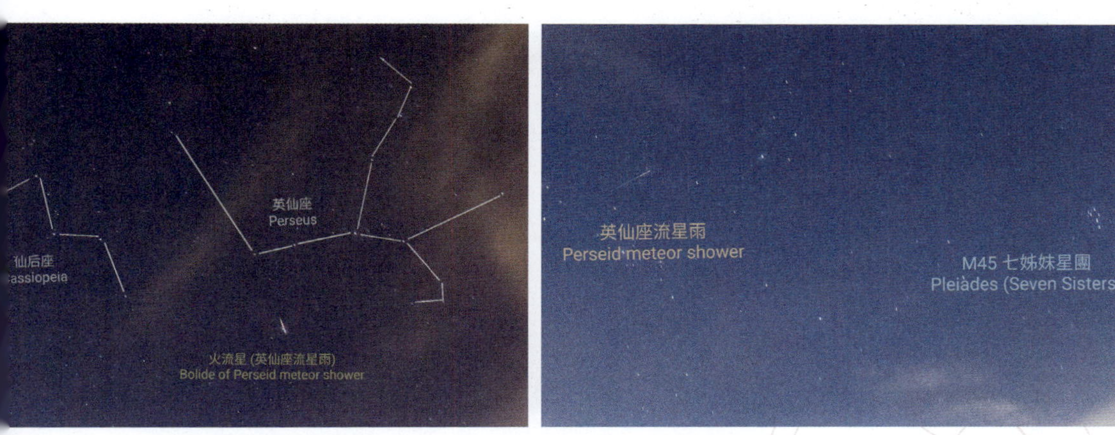

英仙座流星雨的火流星 / 2023 年攝於香港的大嶼山磡石灣

Jupiter

木星

木星是太陽系中最大的行星，它沒有固體表面，只有厚厚的氣體層。由於它距離太陽較遠，所以表面溫度極低，約 -150°C。木星比較光亮，從地球上看到木星的亮度（視星等）是 -2.2 等，晚上我們會較容易看到它的蹤影。

哈勃太空望遠鏡、詹士韋伯太空望遠鏡拍攝了許多精彩的木星影像，幫助科學家更加理解這顆神秘的行星 / NASA & ESA

©NASA, ESA, STScI, A. Simon (Goddard Space Flight Center), M.H. Wong (University of California, Berkeley), and the OPAL team

©NASA, ESA, CSA, Jupiter ERS Team; image processing by Ricardo Hueso (UPV/EHU) and Judy Schmidt.

特別的木星

木星最著名的特徵是大紅斑（Great Red Spot），是一個比地球還大的風暴，已經存在了超過 350 年。木星的雲層呈現出美麗的條紋，顏色從紅色到棕色不等。

人類對木星的探索始於伽利略，他在 1610 年首次用望遠鏡觀察到木星及其四顆大衛星，稱為伽利略衛星（Galilean Moons）。木星有許多衛星，目前已知它有 95 顆衛星。

Jupiter 3D Model 是一個木星的立體模擬器，讓我們一起探索這個美麗的木星！

如有興趣，可以考慮按照大小比例，製作木星和地球的模型

Jupiter 3D Model 網頁連結

木星會跟隨滑鼠指標的移動而旋轉

地球守護者

木星在太陽系中扮演着「守護者」的角色，它的引力幫助維持了太陽系的穩定。木星亦擁有強大的磁場，在它的兩極地區，容易會出現極光（Aurora）爆發的現象。此外，木星的引力非常強大，天文學家相信它可以吸引周圍的小行星和彗星，保護太陽系的其他行星減少受撞擊的機會。

在人類探索太空的歷史上，木星就像是一位神秘的巨人，吸引着無數科學家的目光和好奇心。我們可以透過使用 Eyes on Solar System 模擬器 (eyes.nasa.gov/apps/solar-system)，了解木星探測任務的飛行軌跡和現時位置。

木星的極光 / NASA & ESA

©NASA, ESA, and J. Nichols (University of Leicester); Acknowledgment: A. Simon (NASA/GSFC) and the OPAL team

探測木星的人造飛行器

先鋒 10 號

現時有不少太空探測器已離開太陽系，包括仍在運作中的航海家 1 號、航海家 2 號和新視野號；也有失去聯繫的先鋒 10 號和先鋒 11 號。先鋒 10 號（Pioneer 10）是第一艘從地球飛到木星探索的探測器，拍攝到史上第一張的木星和伽利略衛星的特寫影像，並成功穿越小行星帶。

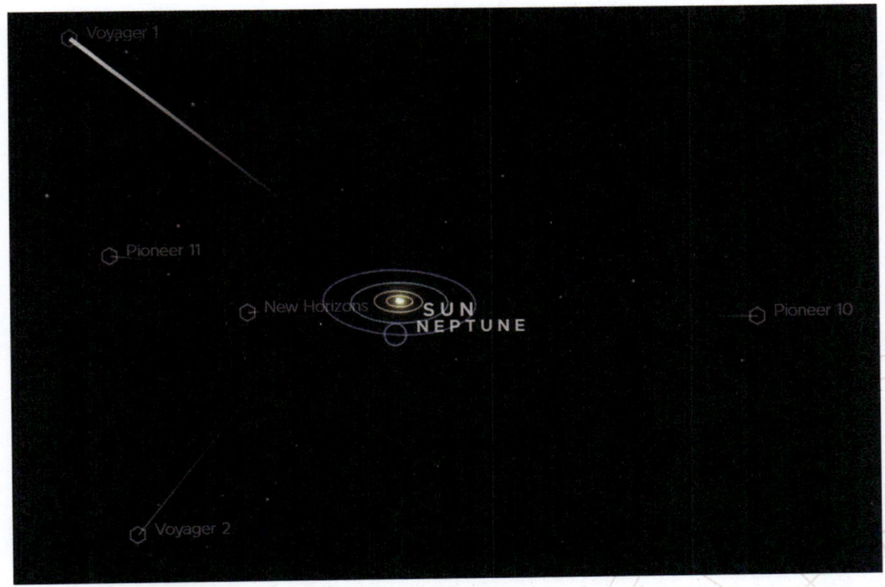

太空探測器與太陽系 / Eyes on Solar System

航行者號

在 1979 年，航行者 1 號和 2 號（Voyager 1, 2）這兩艘太空探測器像好奇的小孩，飛越木星時拍下了許多驚人的照片，甚至發現了木衛二（歐羅巴）那層冰冷的外殼。航行者 1 號是有史以來距離地球最遠的人造飛行器，也是第一個離開太陽系的人造飛行器。

由航行者 1 號拍攝的木星大紅斑 / NASA JPL-Caltech

©Courtesy NASA/JPL-Caltech

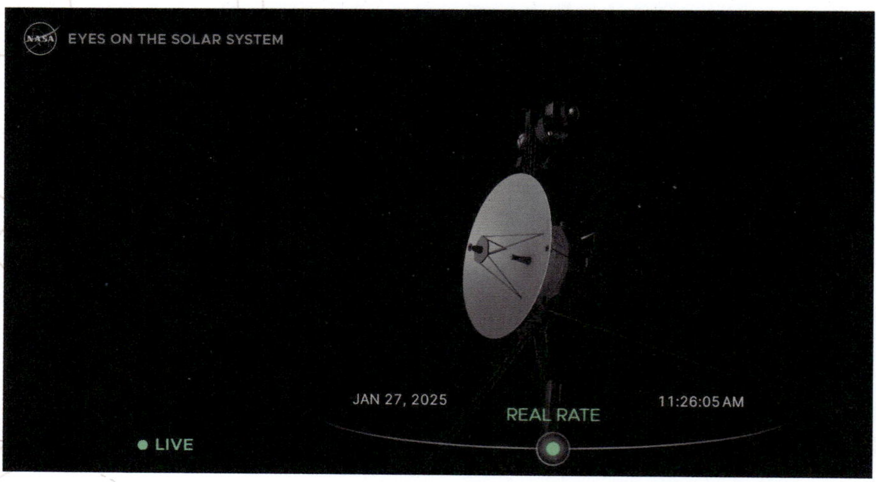

航行者 1 號 / Eyes on Solar System

伽利略號

在過去 50 多年，有不少探測器曾經飛越木星，當中更有兩次是圍繞木星公轉的探測任務。

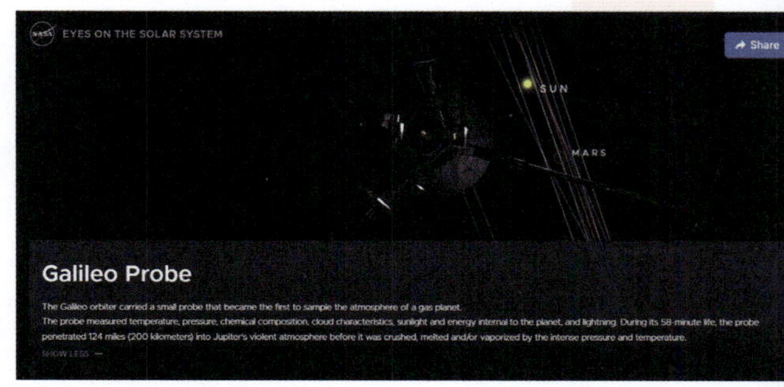

伽利略號 / Eyes on Solar System

在 1995 年，伽利略號（Galileo）登場，它就像一位神探科學家，圍繞着木星轉動，研究其大氣、磁場和衛星，為科學家提供了豐富的數據，真是讓人驚嘆不已！

朱諾號

2016 年發射的朱諾號（Juno），它專注於揭開木星的大氣、重力場和磁場之謎，就像是一位勇敢而精明的探險者，努力揭示這顆行星的秘密。完成任務後，「朱諾號」將脫離飛行軌道，進入木星的大氣層而解體。

這些任務不僅讓我們對木星有了更深入的了解，也讓我們感受到太空探索的無限魅力！

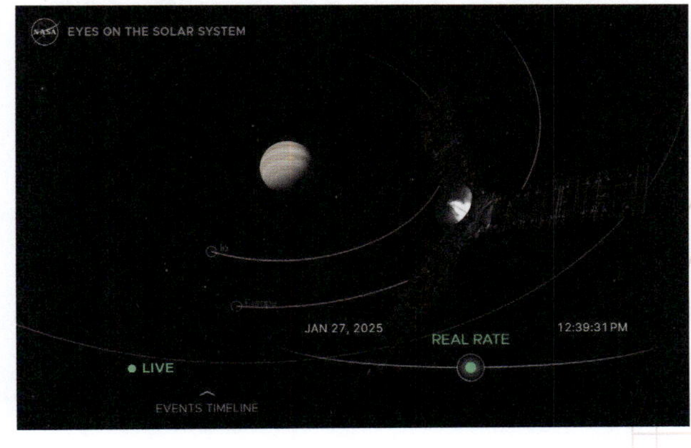

朱諾號 / Eyes on Solar System

Kepler's Laws

開普勒定律

你知道嗎？地球在環繞太陽公轉的時候，並不是沿着一個圓圈，而是沿着橢圓形的路徑。這就像你在運動場上跑步，跑道不是完全的圓形，而是有點扁扁的。

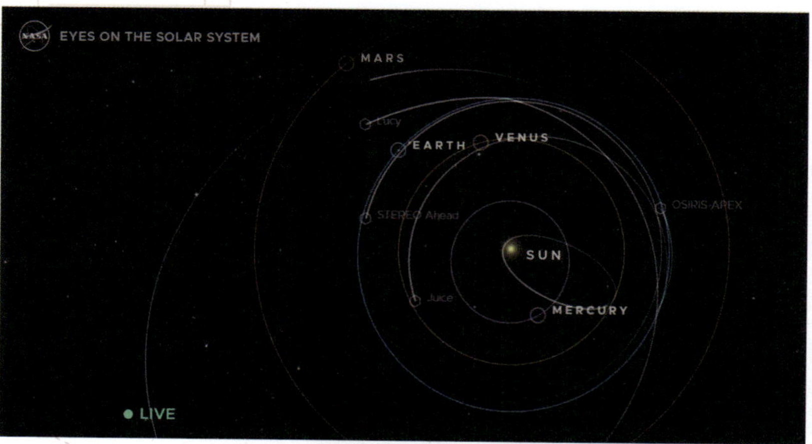

在地球的橢圓形軌道上，距離太陽最近和最遠的兩個點，分別是近日點和遠日點 / NASA Eyes on the Solar System

開普勒的啟發

大約 400 年前，一位名叫開普勒（Johannes Kepler）的德國天文學家，從「地球環繞太陽公轉」的想法得到啟發，提出了開普勒行星運動定律（Kepler's laws of planetary motion），以三個定律來解釋行星的運行規律。

開普勒與太陽系的行星 / NASA

開普勒曾經出版一本書名為《世界的和諧》（Harmonice Mundi），探討了宇宙中幾何、音樂和天文之間的和諧關係。他認為行星在環繞太陽時，其速度變化可以用音樂音階來表達，形成一種「天體音樂」（Musica Universalis）。這啟發了筆者，在過去幾年的香港科學節及專題講座，分別於香港太空館和香港科學館，舉辦了共四次的天文音樂講座，分享科學與藝術的結合。

香港科學節 2023 的天文音樂專題講座 / 攝於香港太空館

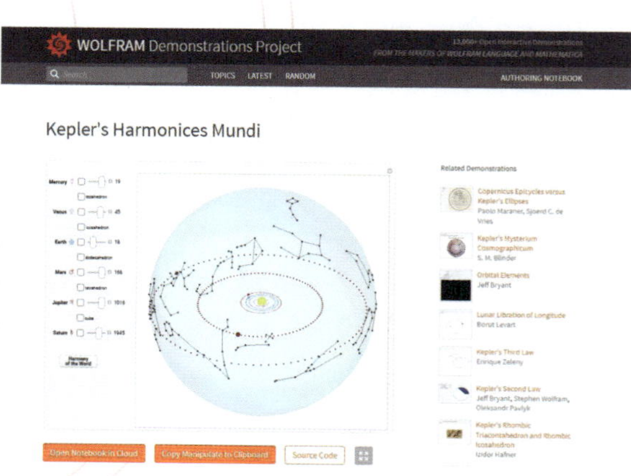

Kepler's Harmonices Mundi 網頁連結

你可以透過 Kepler's Harmonices Mundi 模擬器，聆聽不同行星在《世界的和諧》裏代表甚麼音樂。

開普勒第一定律

開普勒第一定律也稱橢圓定律，是指行星圍繞太陽公轉，所有行星都在橢圓形的軌道上運行，太陽位於其中一個焦點。

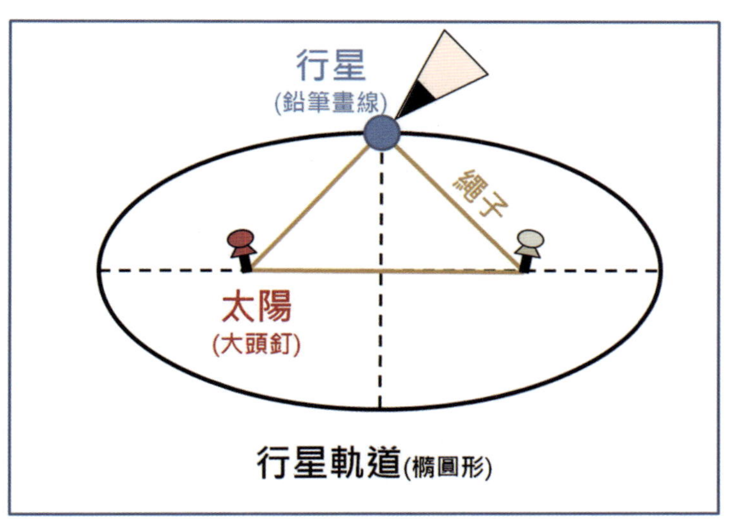

你可以用一根繩子和兩個大頭釘來畫出這個橢圓形，想像一下你用鉛筆連接這兩個釘子，然後拉緊繩子，就能畫出一個漂亮的橢圓，模擬行星的橢圓形軌道。

開普勒第二定律

開普勒第二定律也稱等面積定律，是指在相同時間內，行星繞太陽公轉時，如果太陽和行星連線，這條線所畫出的面積總是一樣的。當行星靠近太陽時，行星公轉速度更快。

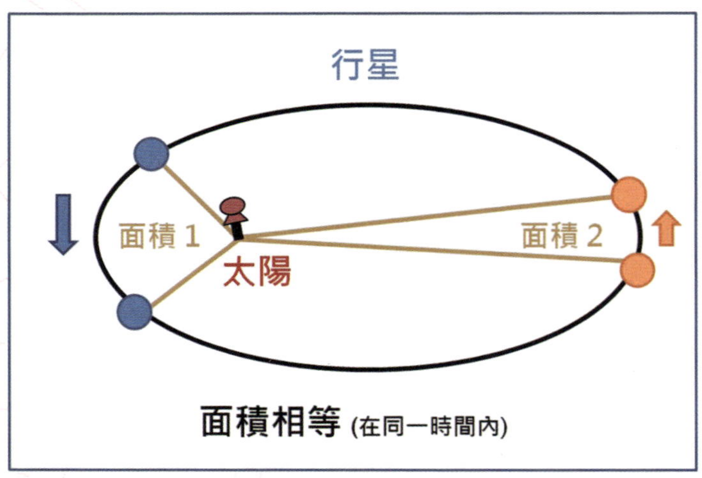

畫一條線連接太陽和行星

PhET Kepler's Laws
網站連結

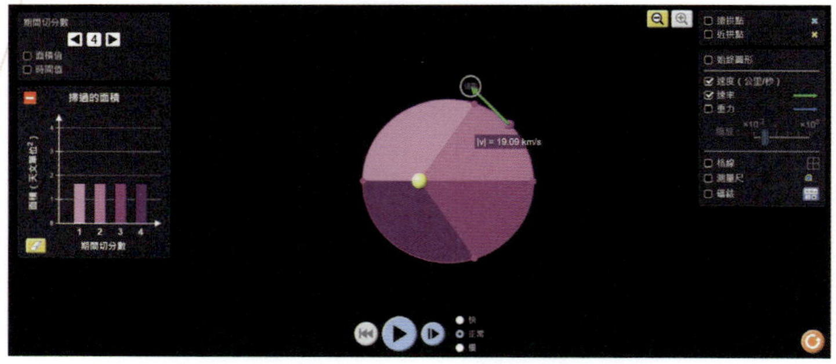

©Simulation by PhET Interactive Simulations, University of Colorado Boulder

開普勒第三定律

開普勒第三定律也稱週期定律，這條規則告訴我們，距離太陽愈遠的行星，圍繞太陽轉一圈所需的時間就會愈長。例如海王星就需要 60327 天才能繞太陽轉一圈，而地球只需要 365 天！

了解地球的運行軌道不僅有趣，還能幫助大家理解季節變化、白天和黑夜的原因。所以，下次當你仰望星空時，記住，可以想像一下地球在那一條橢圓形軌道上優雅地舞動着，並且與其他行星一起圍繞太陽跳着宇宙之舞！

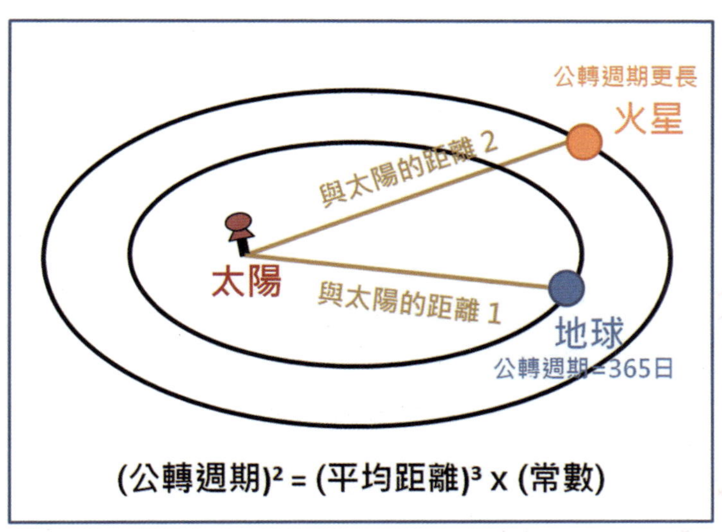

在物理學上，行星公轉的週期 T，與太陽的距離 a 有直接關係。

Light Pollution

光污染

想在香港尋找一個適合觀星的好地方，逐漸變得困難重重，需要走到遠離市區的偏遠地區，才有機會欣賞到繁星和拍攝到銀河！最近曾否觀星呢？當我們在晚上抬頭望向夜空，路邊的街燈、商場外的霓虹招牌在強光的照射下，散射出光污染（Light Pollution）的環境問題，這些光污染讓我們看不清楚「星星」的樣子，無法用肉眼看到美麗的銀河，光污染甚至會影響我們的生活健康！

城市光污染與夏季銀河 / 2024 年攝於內蒙古鄂爾多斯草原

研究光污染

香港大學物理系的香港夜空光度監測網絡（Hong Kong Night Sky Brightness Monitoring Network），早在 20 年前已開始進行香港的夜空研究，至今已在全港不同地區安裝監測站，收集夜空光度的數據以了解光污染的情況。2009 年的香港光害調查中，曾記錄尖沙嘴地區的夜空光度，比黑暗天空國際標準高出 1200 倍。繁榮鬧市背後的夜空，除了望向維港對岸璀璨的燈飾，我們較難看到天上的星體。

繁榮城市的背後，也值得讓我們反思一下光污染對環境的影響 / 2024 年攝於西九文化區

Light Pollution Simulator 模擬光污染

Light Pollution Simulator (lightpollutionmap.info) 是一個光污染模擬器，讓我們可以思考一下，在黑夜觀星的環境條件下，了解夜間人造光線 (Artificial Light at Night) 對夜空觀測的影響。

用滑鼠點選畫面上的屋、月亮等物體，可以看見光對周圍的影響

©Gomes, N.R.C., Farah, J.C., Doran, R., Gillet, D., 2019. A Light Pollution Simulator, in: EPSC Abstracts. Presented at the European Planetary Science Congress - Division for Planetary Science Joint Meeting (EPSC-DPS 2019), Geneva, Switzerland.

Dark Sky Meter 測量天空亮度

Dark Sky Meter 是一個測量天空亮度的應用程式，你可以將收集的數據資料與各地專家分享。

Dark Sky Meter
網站連結

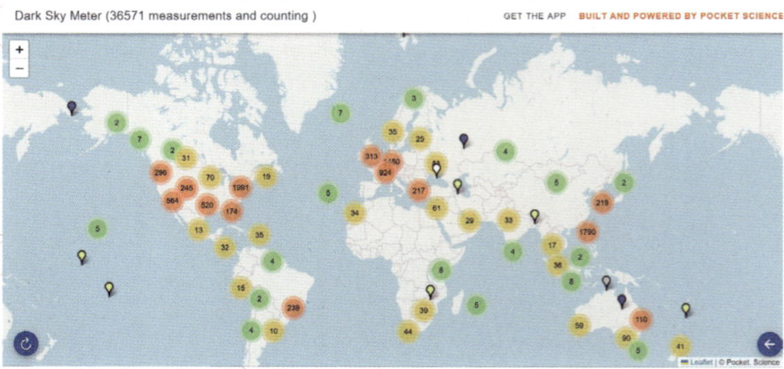

這應用程式可以顯示全球天空亮度

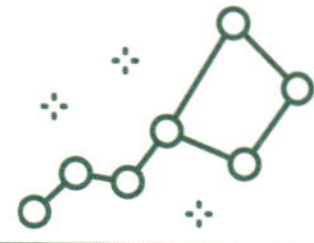

光污染的種類

市區裏的光污染主要分為夜空輝光、光滋擾和眩光三種，遍佈於城市不同角落，源自於路邊的街燈、廣告燈飾和室外照明。

除了市區的人造光線，近年郊外亦面臨漁船燈光的光污染

夜空輝光（Skyglow）

人造光線照射到天空上的雲層。經過大氣層中污染物的散射，形成漫射光的現象，感覺整個天空就像被強光籠罩着。

遇上夜空輝光，難看到夜間星空 / 2024 年攝於西九文化區

光滋擾（Light Trespass）

當外來光線通過窗戶進入室內地方，因而滋擾居民的日常生活和睡眠質素。

光污染會嚴重影響夜間的觀測活動 / 2024 年攝於尖沙咀

眩光（Glare）

過亮的光線因為有強烈的光度對比，會讓我們的眼睛感到不適，嚴重的甚至可能令視力受損。

晚上在街道行走時，被強烈街燈照射到眼睛，會感到不舒服 / 2024 年攝於沙田

近年香港螢火蟲的數量逐漸減少，光污染會否就是當中的重要原因 / 2023 年攝於香港大埔滘自然護理區

夜空光度的參考指標

現時不少研究光污染的專家，在香港不同地方進行夜空研究時，會攜帶夜空品質儀（Sky Quality Meter），並且會採用夜空光度（Night Sky Brightness）作為參考指標，以單位「等每平方角秒」（mag/arcsec^2），測量中所得出的數字愈小，代表那一個地方的夜空愈光亮，就愈難看到天上的星星啊！

至於業餘天文學家，他們會比較不同環境地區看到的星座和星體數目，較多會參考波特爾暗空分類法（Bortle Scale），分為 9 個級別，可以判斷是否看到特定的天體，能夠比較市區與郊外的光污染程度。比如身處在觀星環境較佳的國際星空保護區，數字會較小，環境受光害的影響愈小。

(左) 近年來有不少路邊天文觀測活動、光污染導賞團，讓公眾能夠了解暗空保護的重要性，推廣科普 / 攝於尖沙咀

(右) 南半球星空，攝於澳洲塔斯曼尼亞的提德博克斯海洋保護區

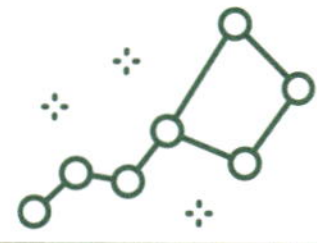

波特爾暗空分類法

Stellarium 是一個非常實用的觀星模擬軟件。除了可以展示及預測夜間星體的出現時間，也能按照波特爾暗空分類法，展示夜間不同光亮度之下，會看到甚麼星體。

Stellarium 網站連結

Stellarium 的功能欄

首先在左下的功能欄，長按「大氣層」的按鈕，就能調節不同級別，展示在不同程度的光污染環境下，預計我們會看到的星體。

波特爾暗空分類法

光亮級別	Stellarium 描述會看到的星空情況
級別 1	天空完全黑暗的觀測點
級別 2	典型的真正黑暗的觀測點
級別 3	鄉村的星空
級別 4	鄉村和郊區的過渡帶
級別 5	郊區的星空
級別 6	明亮的郊區星空
級別 7	郊區和城市的過渡帶 / 遇到滿月時
級別 8	城市的星空
級別 9	市中心的星空

級別 1（天空完全黑暗的觀測點）是可以看到非常多的星星，包括銀河和夜間星體

級別 3（鄉村的星空）仍可看到銀河，但光污染開始影響觀察

級別 5（郊區的星空）的光污染明顯，銀河在頭頂上很淡

級別 9（市中心的星空）只有月亮和幾顆明亮的行星，幾乎看不到其他星座

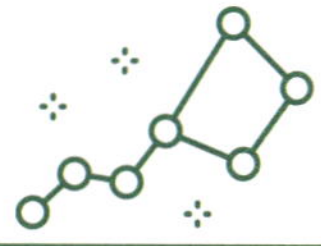

城市之光

除了城市的燈光和人造燈光之外，還有一些我們需要注意的光污染，包括手電筒和隨身物品發出的光。當我們不小心照射到天空時，這些光源可能會影響到天文觀察。此外，當月球出現時，我們通常會看不到附近的星空。

另外，我們還需要考慮周圍的建築物是否會造成遮擋，以及這些建築物是否會發出五光十色的燈光，好像香港的大型煙花表演，這些燈光照射到天空也會影響我們的觀星體驗。

手電筒、智能手機等發光裝置，都有可能影響天文觀察

面臨雲霧、月光、光污染和夜空輝光的城市銀河 / 2023 年攝於澳洲塔斯曼尼亞荷伯特

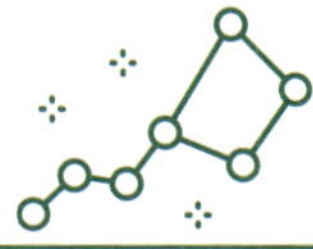

選擇觀星地點

如果未來有機會想計劃在本地或海外進行天文觀測，正在煩惱選擇哪一個觀星地點比較好的話……

Light Pollution Map 燈光地圖

lightpollutionmap.info 是一個城市夜間燈光地圖。它通過收集世界各地的夜空光度數據，配合衛星遙感技術，展示不同地區的夜間光污染情況。

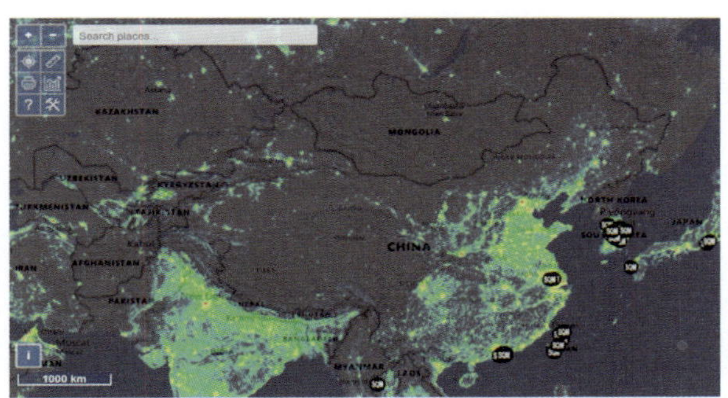

Light Pollution Map 可以顯示世界各地城市的光度

操作非常簡單！你可以通過觸碰電子互動地圖，進行放大和移動至你想了解的地理位置，你也可以考慮透過左上方的搜索框，輸入地方名稱。

你也可以通過顏色區分光污染的情況：

- 黑色代表沒有光污染的理想觀星地點
- 紅色、黃色或白色則是代表光污染較嚴重的地區，可以考慮選擇遠離這些地區，來到較暗的鄉郊地方觀星

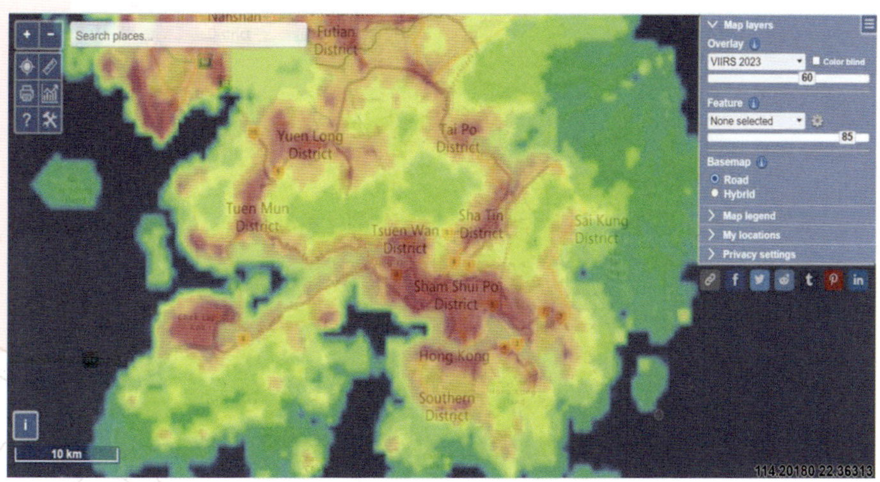

比較不同顏色的分佈，可以知道光污染的差異

在右方的功能鍵，你也能夠在「Overlay」設置不同年份的 VIIRS（可見光紅外線成像輻射儀）的高清衛星圖像數據，比較在同一個地方隨着城市發展的光污染變化。

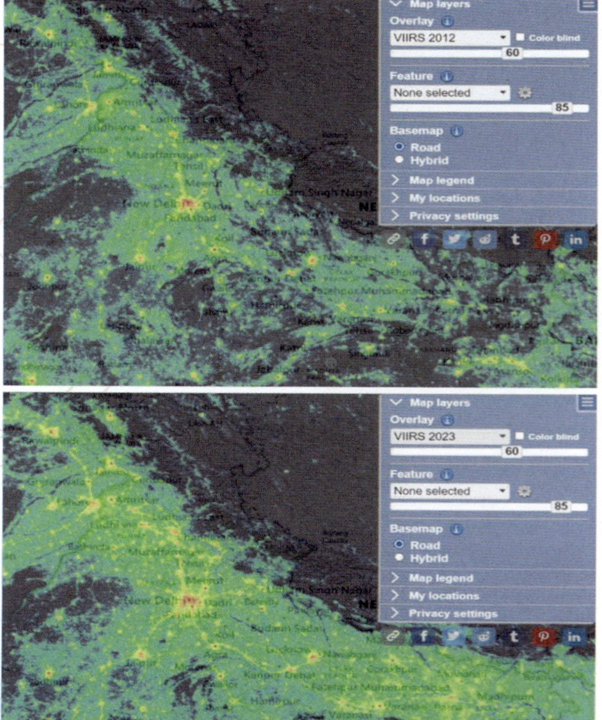

比較光污染在不同年份的變化

你也可以嘗試在「Feature」部分，點選多種的 SQM 夜空光度數據紀錄，就能夠從光污染的數據庫中，查閱現時世界各地不同城市的夜空光度，即時看到有哪些城市有參與提交當地光污染的研究數據，並且有哪些天文台近年有參與天文觀測的研究。

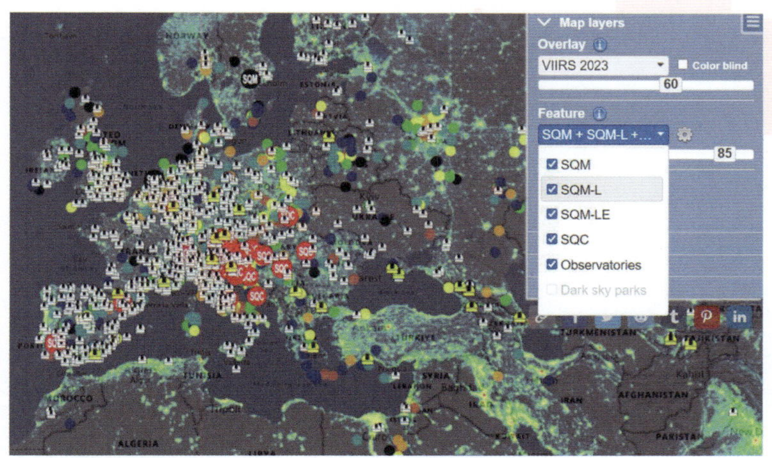

現時全球有不少天文組織有參與 SQM 夜空光度數據紀錄

夜間觀星及科普推廣活動 / 2017 年攝於美國謝伯特天文台

天文通光污染地圖

這是一個中文版本的全球光污染地圖，操作與其他相似，主要展示波特爾暗空分類法，你也可以通過顏色區分光污染的情況：

- 暖色代表光污染情況較嚴重（波特爾級別較高）
- 冷色則代表觀星環境極佳（波特爾級別較低），符合國際星空保護區的環境條件

天文通網站連結

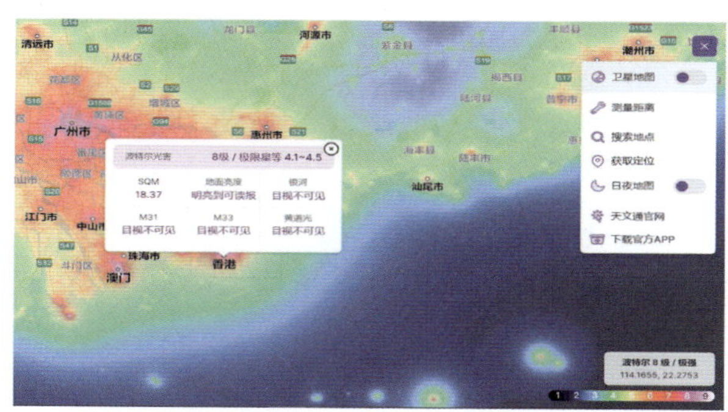

顯示冷色的地區代表比較適合觀星

當你點擊一個地方，它會顯示 SQM 的夜空光度數據紀錄，也會告訴你能夠看到甚麼星等的星體，例如能否看到銀河、M31 仙女座大星系、M33 三角座星系及黃道光等。

M31 仙女座大星系 / Stellarium

M33 三角座星系 / Stellarium

小挑戰！

觀察全球光污染

應用以上兩個全球光污染地圖，完成以下 STEAM 探索任務。

最適合觀星的城市（舉出三個例子）

城市 1：＿＿＿＿＿　城市 2：＿＿＿＿＿　城市 3：＿＿＿＿＿

SQM＿＿＿＿＿　SQM＿＿＿＿＿　SQM＿＿＿＿＿

波特爾＿＿＿＿＿級　波特爾＿＿＿＿＿級　波特爾＿＿＿＿＿級

光污染情況較嚴重的城市（舉出三個例子）

城市 1：＿＿＿＿＿　城市 2：＿＿＿＿＿　城市 3：＿＿＿＿＿

SQM＿＿＿＿＿　SQM＿＿＿＿＿　SQM＿＿＿＿＿

波特爾＿＿＿＿＿級　波特爾＿＿＿＿＿級　波特爾＿＿＿＿＿級

列出三次香港曾經提交的 SQM 夜空光度研究數據

地點 1：＿＿＿＿＿　地點 2：＿＿＿＿＿　地點 3：＿＿＿＿＿

日期：＿＿＿＿＿年　日期：＿＿＿＿＿年　日期：＿＿＿＿＿年

SQM＿＿＿＿＿　SQM＿＿＿＿＿　SQM＿＿＿＿＿

Milky Way

銀河系

銀河系是我們所在的星系，裏面有數以億計的星星，包括我們的太陽系。它被稱為「銀河」，因為在晴朗的夜空中，我們可以看到一條模糊的白色光帶，好像是灑落在天空中的牛奶。

天文學家喜歡舉行觀星活動 / 攝於美國的塔瑪佩斯山州立公園

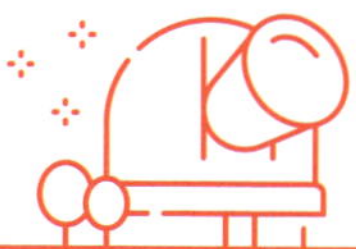

認識銀河系

太陽系位於銀河系

銀河系是一個螺旋星系（Spiral Galaxy），形狀像一個旋轉的風車。我們的太陽系位於其中一條螺旋臂上，距離銀河中心約 2.6 萬光年（Light Year）。意思即是，如果我們的飛船以光速飛行，也需要 26,000 年才能到達銀河的中心。

探索太陽系在銀河系的位置 / Eyes on the Solar System

銀河系的組成

銀河系是一個由恆星（例如我們的太陽）、塵埃和氣體組成的星系。天文學家估計，銀河系中約有 1000 億至 4000 億顆恆星，而我們在地球上能看到的星星，其實只是銀河中眾多恆星的一小部分！在銀河系的中心，可能存在一個超大質量黑洞（Black Hole），不過我們無法用肉眼或普通望遠鏡觀察到它，需要科學家使用特殊的射電望遠鏡（Radio Telescope）才能進行記錄和研究。

生活當中，我們可以透過觀察夜空中的星星來欣賞銀河系的美麗。在晴朗的夜晚，抬頭仰望天空，你會看到一道閃亮的帶狀雲，那就是我們的銀河系！

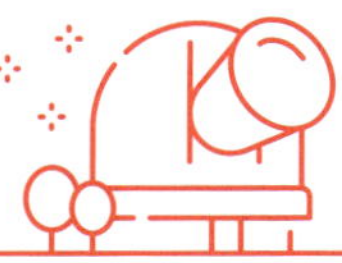

夏季銀河

在夏天的夜空中，夏季銀河（Summer Milky Way）就像一條閃閃發光的河流，特別明亮和壯觀！銀河的中心位於天蠍座和人馬座之間，這裏是銀河最寬、最亮的部分。每到夏季，夏季銀河通常在晚上出現，能看到很長時間，尤其是在 7 月份，銀河幾乎垂直於地平線，非常適合拍照哦！所以，記得在夏天的夜晚仰望星空，欣賞這美麗的銀河吧！

青藏高原（海拔 4745 m）的夏季銀河 / 2024 年攝於中國的西藏班戈縣

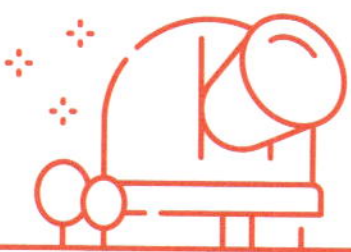

冬季銀河

冬天的夜空，冬季銀河（Winter Milky Way）就像一條神秘的河流，雖然它的中心在白天升起，所以我們晚上看到的只是銀河的邊緣部分，這裏相對較暗。不過，冬季星空依然充滿魅力，因為有許多明亮的星座和恆星，像是獵戶座和冬季大三角，讓整個夜空閃耀着迷人的光芒。雖然銀河在冬天不如夏天那麼明亮，但那些璀璨的星星點綴着夜空，使得每個季節都有自己獨特的吸引力！

冬季銀河 / 攝於台灣的合歡山國際暗空公園（海拔 3400 米）

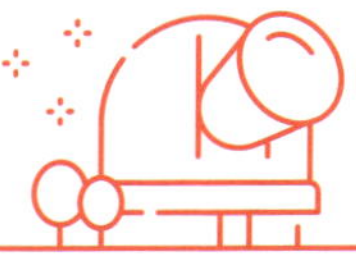

銀河季節

在北半球（Northern Hemisphere），銀河的景象就像一幅迷人的畫卷，每年的 4 月至 10 月，被稱為「銀河季節」（Milky Way Season），是拍攝銀河系中心的最佳時期。即使有機會看不清楚，但仍然充滿了神秘與美麗。

攝於中國內蒙古的鄂爾多斯草原、美國的優勝美地國家公園

2023 年攝於澳洲塔斯曼尼亞的提德博克斯海洋保護區

而在南半球（Southern Hemisphere），銀河展現出截然不同的風貌，銀河季節是在每年的 2 月至 10 月，南半球的銀河系中心比北半球更密集、更明亮！從南半球仰望銀河時，整個銀河就像一條璀璨的河流，星星們彷彿在天空中跳舞，給人一種無比震撼的感覺！

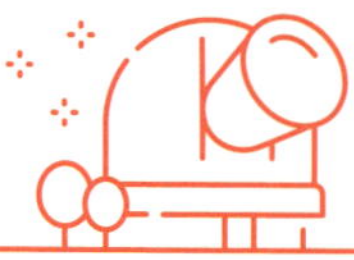

拍攝銀河的貼士

拍攝銀河是一項既有趣又令人興奮的活動，但為了確保拍攝成功，想與大家分享幾個拍攝銀河需要考慮的因素！

1. 遠離光污染

選擇一個遠離城市燈光的地方，例如郊野公園、離島或寧靜的海邊，這樣才能拍攝到銀河邊緣較暗的星體，甚至有機會用肉眼看到銀河。

2. 天氣條件

最好在晴朗無雲的夜晚進行拍攝，這樣才能清晰地捕捉到美麗的銀河。

3. 海拔高度

選擇海拔較高的地方，有機會觀察到更多星星。

銀河下的蒙古包 / 2024 年攝於中國的內蒙古

拍攝銀河的裝備

拍攝銀河之前，可以準備以下的裝備：

1. 相機 / 智能手機

需要具有高 ISO 性能的攝影設備。

2. 廣角鏡頭

使用大光圈的廣角鏡頭，這樣能讓更多光線進入鏡頭，從而捕捉較暗的星體。

3. 腳架

攜帶穩固的腳架，以確保照片更加清晰。在拍攝星空時，它可以防止因風吹而導致相機晃動。

4. 快門線

避免按下快門時所產生的震動，提升拍攝效果。

5. 備用電池和清潔工具

夜間拍攝可能會消耗很多電池，而清潔工具則能幫助你保持清晰的鏡頭。

攝於美國的優勝美地國家公園

小挑戰！

拍攝銀河

拍攝銀河就像一個冒險家經歷一場大挑戰，好好享受奇妙旅程吧！加油！

步驟 1

把相機架在腳架上，確保它穩穩地站着，不會晃動。

步驟 2

將對焦設為手動模式，並對準無限遠的位置，再把光圈開到最大，ISO 設定在 400 到 6400 之間。

步驟 3

設定快門速度在 30 秒以內，這樣可以避免星星拖尾，讓它們看起來更閃亮。

月光下的銀河／攝於澳洲塔斯曼尼亞的納特國家自然保護區

步驟 4

在構圖時，可以加入一些前景，例如樹木或山脈，這樣照片會更加豐富！

步驟 5

最佳拍攝時間是在新月前後，確保夜空上不會出現月球，以免月光會影響到銀河的可見度。

步驟 6

拍攝完畢後，可以使用後製軟件調整照片，提高照片的清晰度和色彩，讓銀河更加清晰和明顯。

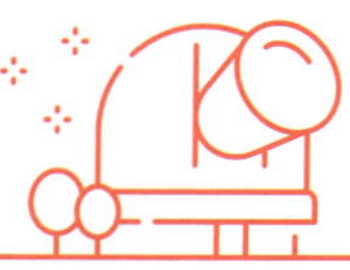

構圖不同的銀河

1. 全景銀河

攝於澳洲塔斯曼尼亞的奧波桑灣公園

2. 銀河人像

攝於中國內蒙古的鄂爾多斯草原、響沙灣沙漠（庫布齊沙漠）

3. 銀河與其他天文現象

冬季銀河與北極光 / 攝於芬蘭的伊瓦洛冰湖

4. 在飛機上拍攝銀河

攝於飛往芬蘭的航機上

Near-Earth Objects

近地天體

有科學家估計，現時有成千上萬的人造衛星在地球軌道上運行。當中有些人造衛星是在 1950 年代發射和進行測試（距離現今超過 60 年歷史）。有不少人造衛星因為日久失修，以致嚴重損壞，無法正常運行。隨着時間推進，這些累積在地球軌道上運行的廢棄物，被稱為太空垃圾（Space Debris），包括火箭殘骸、失效的人造衛星和其他太空飛行器，對其他人造衛星和國際太空站構成威脅，甚至有機會互相碰撞而造成嚴重損害。

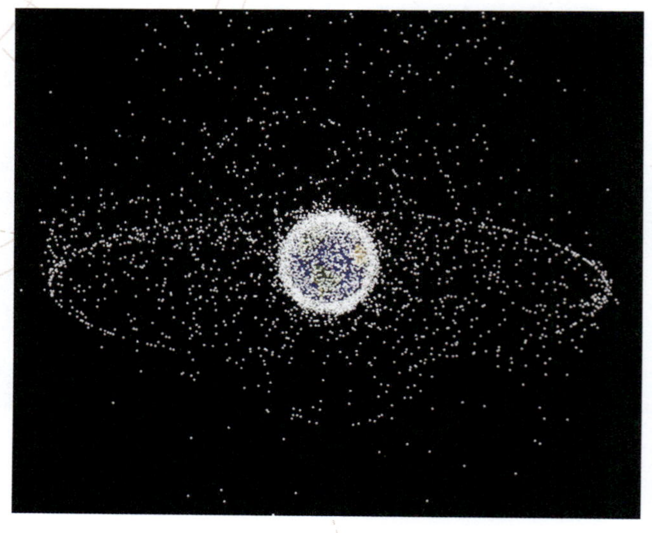

環繞地球的太空飛行物體 / NASA ODPO

來自太空的威脅

這些在太空飛行的太空垃圾，對我們身在的地球有機會造成難以預測的威脅和危機。有些較為細小的太空碎片，會在返回地球大氣層的時候自然燃燒。但是一些較大型的太空垃圾，可能會以高速墜落到地球表面，就好像來自外太空的隕石撞擊地球一樣，損壞地面上的建築物，危及生命安危。

太空穿梭機固體火箭助推器的金屬碎片

太空穿梭機的積木模型

AstriaGraph 監察太空

AstriaGraph 是一個太空監控系統，可以顯示太空中的人造物體，包括運作中和廢置的人造衛星和太空垃圾。通過搜索框輸入你想要查詢的人造物體編號，你就能夠查看有關物體的運行軌道和數據，了解它們的位置和在地球軌道運行的情況。

AstriaGraph
網站連結

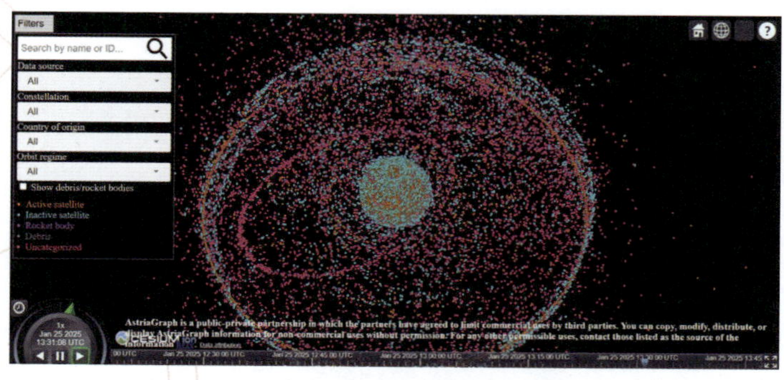

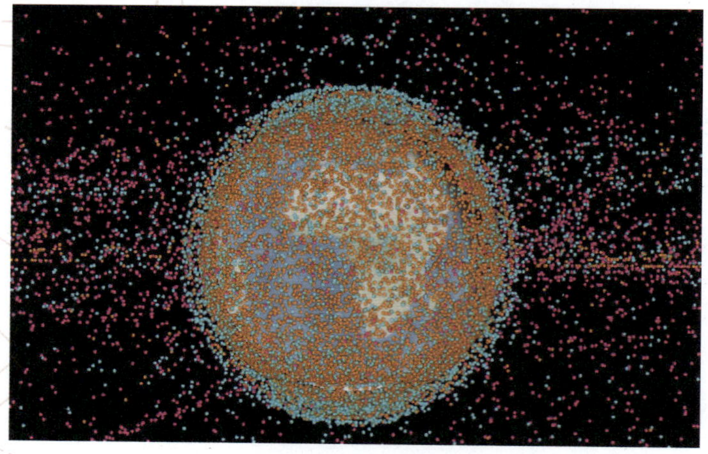

能夠了解太空中有很多人造衛星 / AstriaGraph

如果在左邊的搜尋框剔選「Show Debris/Rocket Bodies」的功能鍵，更會顯示在太空中的火箭部件和太空垃圾。

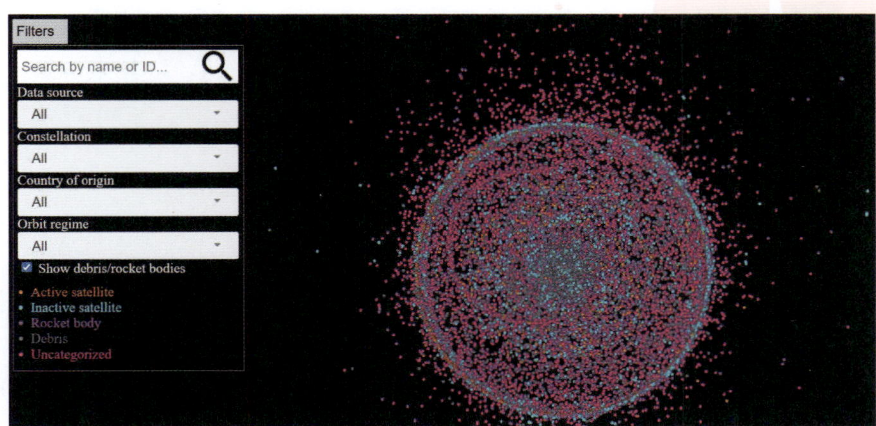

看到如此多的數目，可見太空任務會面臨很多未知的挑戰

想像一下，環繞地球運行的每一點，都是代表一個在太空中飛行的人造物體。當然！實際的太空垃圾數目，遠比這個模擬器看到的更多。而不同顏色代表太空中不同的人造物體：

- 橙色代表正在運作的人造衛星
- 綠色代表已失效的人造衛星
- 紫色代表火箭部件
- 灰色代表太空垃圾
- 粉紅色代表難以歸類的人造物體

小行星帶和古柏帶

除了以上提到在地球軌道上的人造物體，在科學上「近地天體」這個詞語，較多則是形容接近地球的太陽系小天體，包括與地球軌道相近的小行星和彗星。

相信大家在科學及常識課本中，會認識到在太陽系中有八大行星、衛星和一些特別天體。其實太陽系還有兩個特別的行星帶，分別是小行星帶（又稱為主小行星帶，Asteroid Belt）和古柏帶（又稱為柯伊伯帶，Kuiper Belt）。

現時主流科學研究顯示，大部分在地球找到的隕石（Meteorite）是來自小行星帶。而小行星帶是位於火星和木星的軌道之間，估計有約 100 萬至 200 萬顆小行星，而且小行星帶的位置接近地球，難免未來有機會面臨撞擊地球的風險。

太陽系的不同天體、小行星帶和古柏帶 / NASA

Eyes on Asteroids 追蹤近地天體

Eyes on Asteroids 是 NASA 美國太空總署的 3D 實時追蹤近地天體的工具。我們可以通過在太空的視角，探索在地球軌道附近的小行星和彗星，讓我們認識在小行星帶一些比較特別的天體，了解我們太陽系的天體是如何運行。

Eyes on Asteroids
網站連結

可以通過放大圖像或搜尋鍵，尋找有興趣的 3D 模擬天體，例如穀神星（Ceres），它是太陽系內已知最大的小行星，也是唯一位於小行星帶的矮行星。

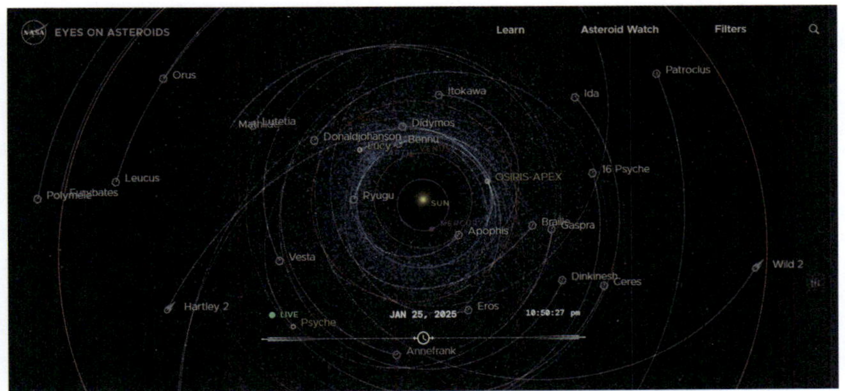

Eyes on Asteroids 顯示了眾多天體的位置
©Courtesy NASA/JPL-Caltech

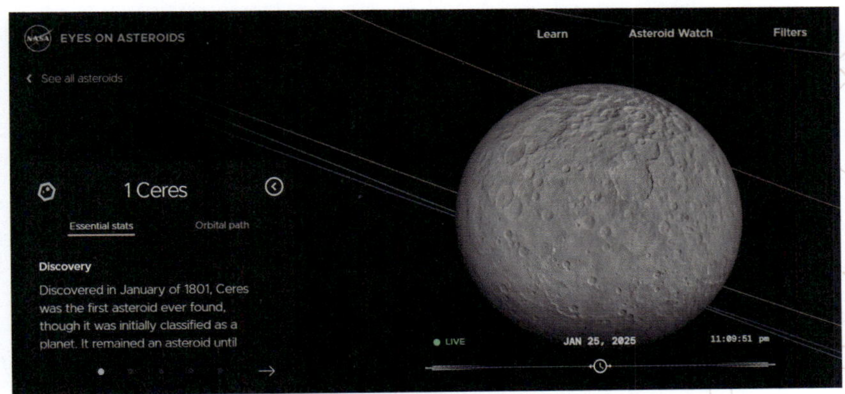

可以用滑鼠指標轉動穀神星的影象
©Courtesy NASA/JPL-Caltech

Observational Astronomy

觀測天文學

觀星是一個非常有趣味的活動，也能活學活用，運用所學到的知識，享受當中的樂趣吧！記住，我們也需要遵守一些觀星禮儀（Stargazing Manner）。這裏有一個簡單的「交通燈」口訣，這些規則幫助大家緊記。

觀星的入門知識

觀星時使用紅光照明

在觀星時，我們可以用紅光電筒來照明，這樣方便我們看星圖和組裝望遠鏡。因為紅光對眼睛的刺激最小，可以讓瞳孔保持擴張，維持觀看暗淡的星體。

利用紅光電筒作黑夜的照明 / 攝於香港西貢黃宜洲的白普理營

觀星時避免強光

觀星時，我們要盡量避免強光，例如街燈、車燈和白光電筒等。因為它們會影響視力，看不清楚星體。當我們的眼睛適應黑暗時，瞳孔會慢慢張開，便能看到更多的星體。

小心使用觀星筆

許多天文愛好者會使用觀星筆來介紹星座的位置。不過在使用觀星筆時要小心，不要把觀星筆指向別人，一不小心會傷害到他們的眼睛。而且在拍攝星空時，不要讓雷射筆干擾到其他正在拍攝星空的人哦！

利用觀星筆講解星空 / 攝於香港科技大學

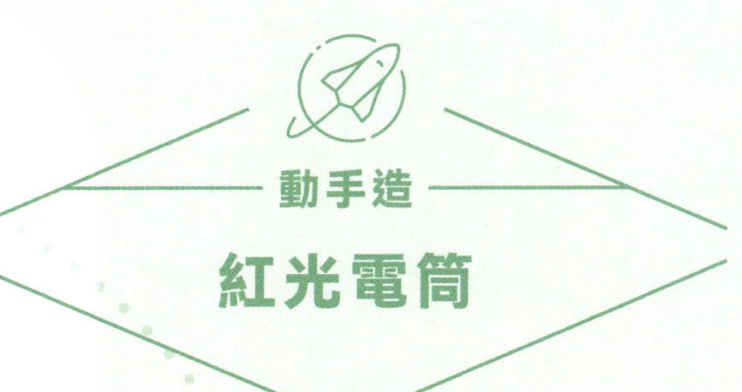

動手造

紅光電筒

預備一張紅色玻璃紙或塑膠袋，用來覆蓋普通電筒，變成紅光電筒，配合夜空模式的電子星圖，就可以開始觀星。我們一起使用吧！

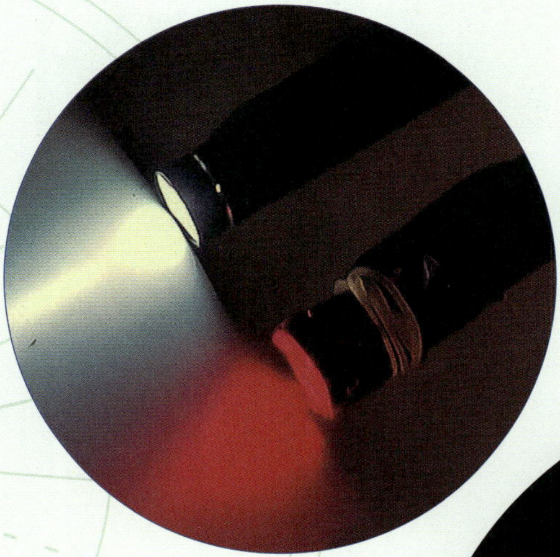

用紅色玻璃紙自製紅光電筒

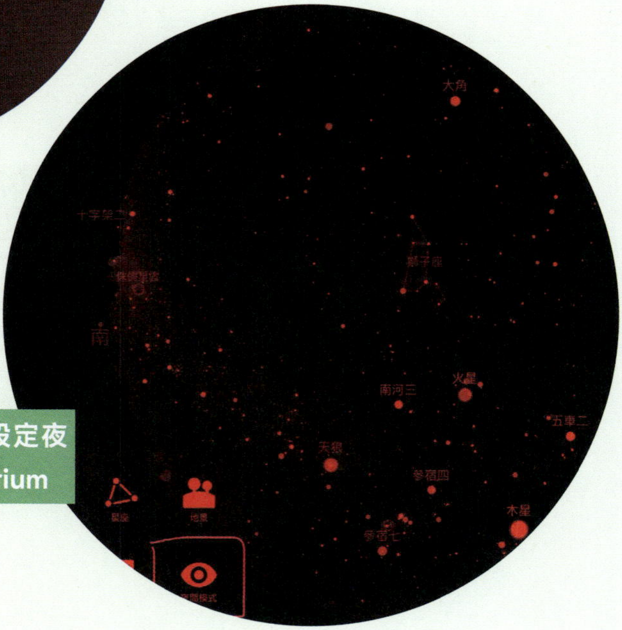

電子星圖可以設定夜間模式 / Stellarium

遵守觀星禮儀

在觀星的時候，我們也要注意不要用閃光燈拍照，因為這樣會影響周圍正在觀星的參與者，強光會令他們的眼睛感到不舒服，影響欣賞星空的心情和體驗。記得保持安靜，不要打擾到其他人，特別是在夜深人靜、夜幕籠罩的晚上。

遵守這些簡單的觀星禮儀，我們一起享受壯麗的星空，拍出漂亮的照片，還能和親友分享這個愉快的時刻！下次去看星星時，不妨試試這些小技巧吧！

每次觀星總是讓我忘記日常生活中的煩惱，聆聽大自然的聲音能讓我進入心流狀態 / 2024 年攝於內蒙古的響沙灣沙漠

觀星小助手

我們了解不同種類的星圖之前，先來看看一些觀星的小技巧吧！平時我們看地圖時，會把他拿着放在身體前面，但看星圖時，我們需要把它舉高過頭頂，對好方向，眼睛向上望（因為地圖的正面向地）。這樣可以更好地找到天上的星座了！

旋轉星圖（Planisphere）

它是非常適合初學者使用。首先，確定你要觀測的日期和時間，然後轉動圖盤，讓外面的日期標示和你想看的時間一致。抬頭仰望星空，找到光亮的星體作為參考，對準旋轉星圖的位置，只要和現在的星空一樣就可以了！無論甚麼時候，只要在香港觀星，旋轉星圖都很適用。不過，如果你要去其他地方，可能需要買當地的星圖，或改為使用電子星圖了！。

中方與西方的旋轉星圖

電子星圖（Digital Star Map / Interactive Star Chart）

現在不少智慧型手機都可以下載電子星圖的應用程式。只需要設定好觀測的時間和地點，把手機對着天空，就能看到星體的名稱和它們所屬的星座。

筆者推薦的應用程式包括 Stellarium、SkySafari、SkyView、Star Walk 2 和香港太空館的「星夜行」（Star Hoppers）。這些應用程式還能提供最新的天文資訊，例如特別的天文現象。

雖然電子星圖很方便，但如果我們能放下手機，親身感受大自然，並且使用旋轉星圖來欣賞壯觀的星空，相信你會有更深刻的體驗！希望你能找到自己最喜歡的天體，享受觀星的樂趣！

電子星圖能夠提供最新的天文資訊

Planet

行星

相信大家對於太陽系的八大行星不會感到陌生了！行星是圍繞着恆星運行的天體，它們不會自己發光，而是反射恆星的光。而根據國際天文聯會的定義，行星還要有足夠大的質量而成為圓球體；而且它們圍繞太陽公轉的軌道沒有其他天體。

太陽系的八大行星有不同分類方法 / NASA

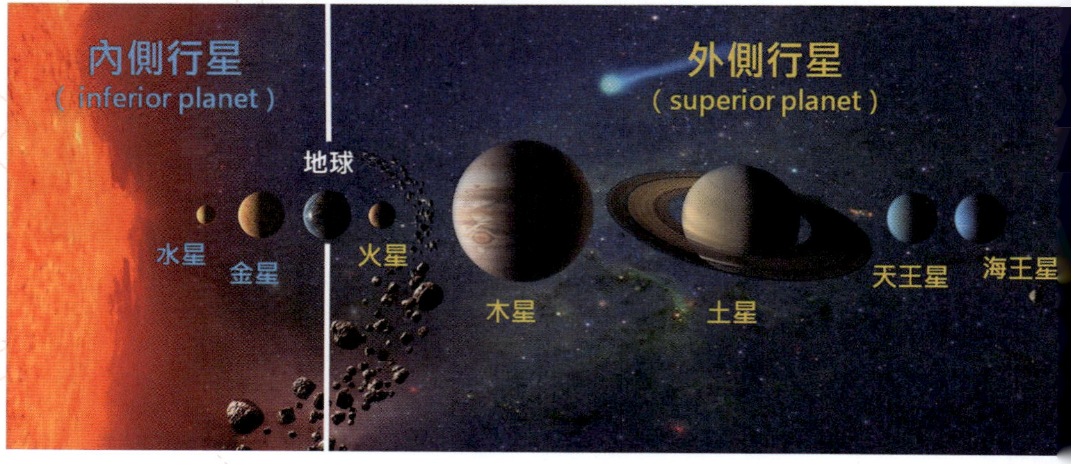

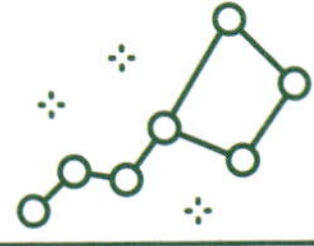

行星分類

環繞太陽運行的次序

第一種分類方法是按照行星環繞太陽軌道運行的次序。水星和金星是屬於內側行星（Inferior Planet），比地球更靠近太陽；其餘比地球距離太陽更遠的行星，屬於外側行星（Superior Planet），這包括火星、木星、土星、天王星和海王星。

行星的結構和特點

第二種方法是按照行星的結構和特點來劃分。

類地行星（又稱為岩石行星，Terrestrial Planet）指的是體積較小、擁有堅硬外殼的行星，它們與地球相似，衛星數目較少，這包括水星、金星、地球和火星。

類木行星（又稱為氣態巨行星，Gas Giant）主要由氣體和冰組成，它們的體積大、沒有固體表面，擁有壯觀的行星環和眾多衛星，這包括木星、土星、天王星和海王星。

小挑戰！

分辨不同的行星

1. 從以下的太陽系模型，你能判斷上述行星的名稱嗎？

____

2. 你還記得行星的排列次序嗎（從最近太陽的開始）？

____

3. 它們分別是屬於類地行星，還是類木行星？

____

4. 哪些是內側行星？哪些是外側行星？

____

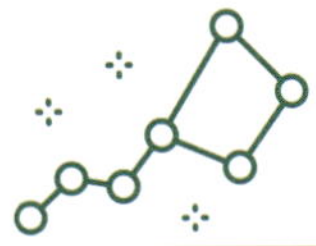

矮行星

冥王星（Pluto）曾被認為是太陽系的第九顆行星，但在 2006 年，因為冥王星的軌道上有許多與它大小相似的天體，未能滿足「清除軌道附近的其他天體」的新要求，因而被重新分類為矮行星（Dwarf Planet）。

新視野號於 2015 年飛過冥王星 / NASA

Solar System Scope 飛越行星

這是一個探索太陽系的模擬器，參考美國太空總署的精確數據，可透過時間軸觀察行星運行的方式，體驗飛越太陽系的樂趣！

Solar System Scope 網站連結

帶給你認識太陽系每個行星的體驗

Planet Sizes and Order 認識行星特性

這是一個行星的網上資源，網站以圖表和數據的形式，詳細介紹行星的特性、大小、質量和排列順序，可以輕鬆比較行星的不同之處。

Planet Sizes and Order
網站連結

Planet Compare 比較行星大小

這是一款 3D 立體行星模擬器，能夠比較太陽、月球和各個行星的大小！

AsteaPlanet Compareroid Launcher 網站連結

可以同時選擇兩個行星互相比較

動手造
太陽系模型

步驟 1

我們可以用塑膠球或木製球來代表不同的行星。你可以根據行星的大小，選擇適當直徑的球。

步驟 2

計算各行星的比例（假設地球只有 1 厘米）。搜尋每顆行星的直徑資料，並按照比例，將八大行星的大小縮小到適合的尺寸。

行星比例表

	實際大小（直徑）	調整後的大小（直徑）
水星	4,900 km	3.3 mm
金星	12,100 km	8.6 mm
地球	12,800 km	9.1 mm
火星	6,800 km	4.8 mm
木星	143,000 km	100 mm
土星	120,500 km	84mm
天王星	51,100 km	34 mm
海王星	49,500 km	33 mm

步驟 3

參考科學書籍或網絡資料，了解每顆行星的顏色和外觀特徵，例如土星有美麗的環，而木星有著名的大紅斑，並用顏料為行星上色，了解它們背後的科學知識。

用行動發揮藝術靈感，再加上已有的知識，發揮一下你的創意吧！

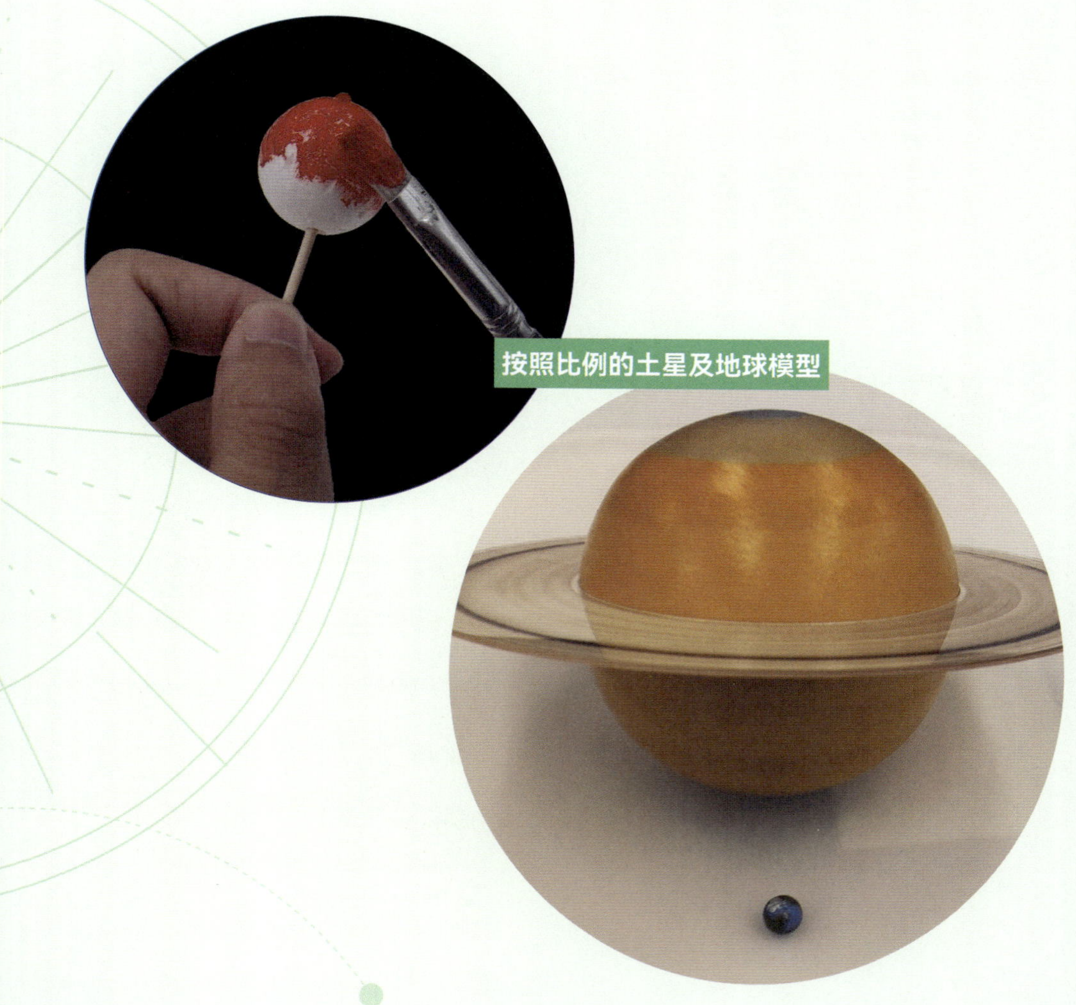

按照比例的土星及地球模型

Quarter Moon

弦月

相信大家已經認識月相（Moon Phase），這次我們了解更多上弦月和下弦月的特別之處，還有一些關於月球的有趣知識！

上弦月 / 2021 年攝於香港沙田

上弦月和下弦月

上弦月（First Quarter Moon）出現在每個農曆月的上半月，通常在初七、初八出現。而下弦月（Third Quarter Moon）則是在每個農曆月的第二十二或二十三天出現。

我們可以通過月相變化演示儀器，了解這兩個月相階段。

上弦月

當月球繞地球軌道達四分之一的時候，上弦月便會形成。

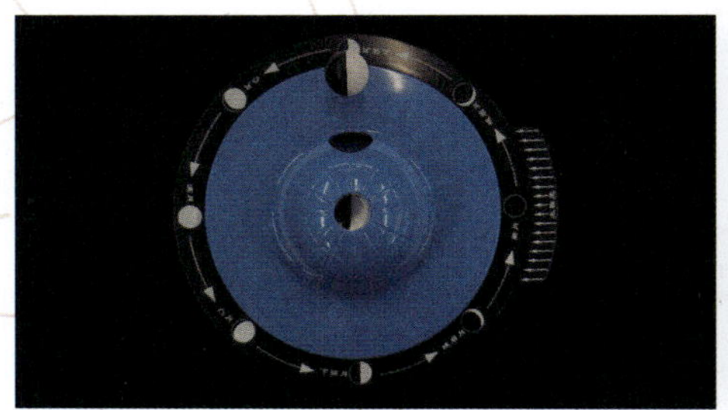

透過月相變化演示儀器，可知上弦月形成時，月球所在位置

上弦月的月相

下弦月

當月球繞地球達到軌道的四分之三的時候，下弦月便會形成。

當我們用望遠鏡觀測月球表面時，可以看到許多月球上的隕石坑。不過，在滿月的時候，這些隕石坑可能不太明顯。

但在上弦月和下弦月的時候，因為光線和陰影的對比，我們便能更清楚地看到隕石坑的形狀和細節！

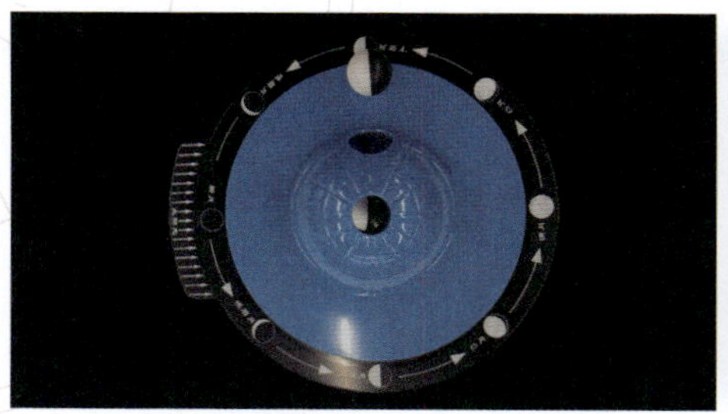
下弦月形成時的月球所在位置

下弦月的月相

「月球上最古老的隕石坑之一」克拉維斯環形山（Clavius）和第谷坑（Tycho）/ 攝於香港沙田區

澄海（Mare Serenitatis）/
攝於美國加州的謝伯特天文台

Rocket

火箭

火箭（Rocket）是一種利用噴射推進的飛行器，可以把人類、動物和物品送上太空！火箭的運行原理基於牛頓第三定律(Newton's Third Law of Motion)：每一個作用力，都會產生一個相反方向、力度相等的反作用力。當火箭的引擎點燃時，會噴出高速的氣體，這些氣體向下噴出，火箭就會向上升起。

火箭構造

火箭通常由箭體、整流罩、推進系統和飛行控制系統四個主要部分組成。

箭體（Rocket Body）

提供結構支撐，保護火箭內部的設備。

整流罩（Fairing）

在大氣層飛行時，保護火箭內的人造衛星、太空人和搭載物品。

推進系統（Propulsion System）

通過儲存燃料和引擎產生推力，讓火箭升空。

飛行控制系統（Flight Control System）

確保火箭在飛行過程中保持穩定，並控制方向。

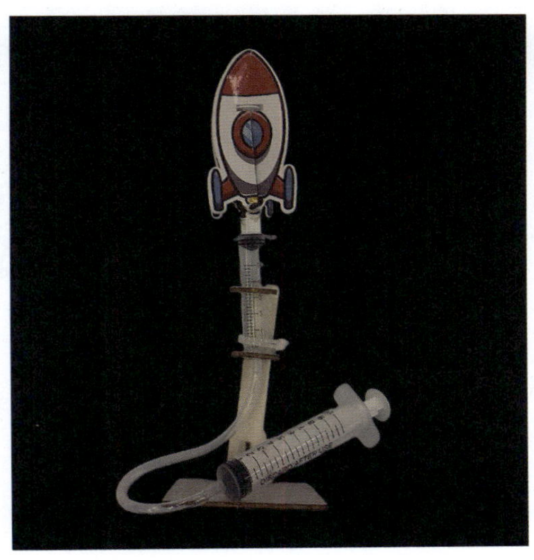

可以自製火箭發射模型，認識火箭發射的過程

火箭飛行過程

在發射後，火箭會經歷多級分離（Stage Separation）。每一級燃料用完後，就會掉下來，這樣可以減輕火箭的重量，提高效率。當火箭到達太空後，會進入預定的軌道，並在任務完成後再降落。降落時，火箭通常會打開降落傘（Parachute），以減慢下降速度，確保安全着陸。

體驗太空着陸器返回地球的過程 / Spaceflight Simulator

神舟飛船返回艙 / 2024 年攝於香港科學館「中國載人航天工程展」

太空飛行模擬器（Spaceflight Simulator）是一款體驗太空工程的模擬器，你可以用不同的零件設計火箭就像玩積木一樣有趣！

應用程式中的宇宙是參考真實比例設計的，讓你自由探索地球、火星和月球等。在這過程中，不僅能享受發射火箭的樂趣，還能學到很多太空和物理的知識，例如如何利用推力讓火箭升空，並進入目標的地球軌道。

Spaceflight Simulator
網站連結

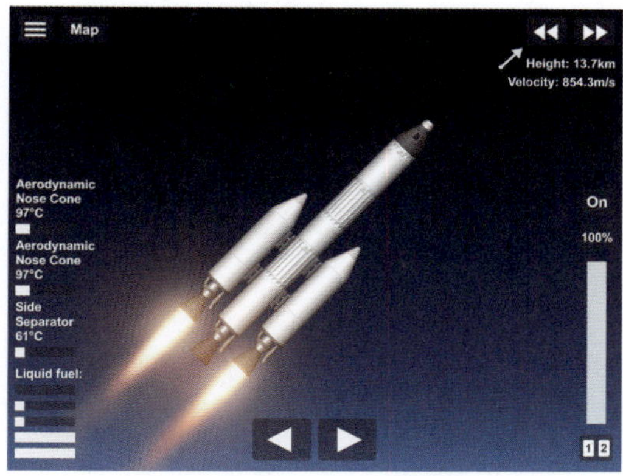

從測試火箭發射的過程中學習，改進你的設計，展現堅持永不放棄的精神 / Spaceflight Simulator

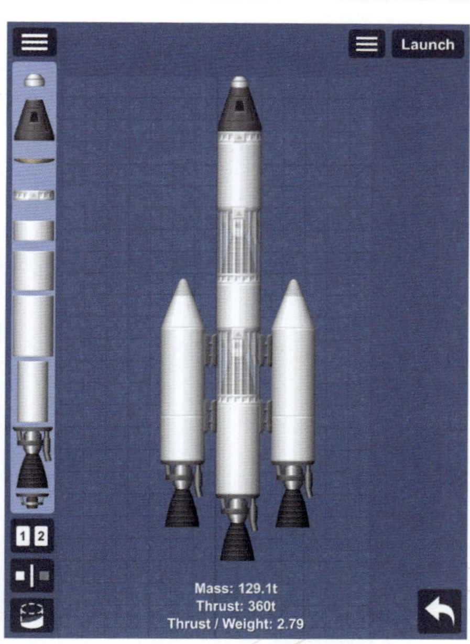

設計你心中理想的火箭，準備啟航！ / Spaceflight Simulator

Satellite

人造衛星

晚上，當你抬頭望向天空，除了看到天上的月球、行星和星座之外，還有機會看到一些正在飛行的物體。它會慢慢的飛行，若果你看到有一些訊號燈在閃爍，大多數會是屬於在空中飛行的飛機。但是若在飛行時保持白色燈光，飛行時也沒有產生聲音，那麼你便有機會看到人造衛星（Artificial Satellite）了！

「傑森 2 號」海洋表面地形任務衛星 / NASA (JPL-Caltech)

©NASA

最大的人造衛星

國際太空站是目前地球軌道上最大的人造衛星 / NASA
©NASA

國際太空站過境 / 2017 年攝於美國加州的塔瑪爾巴斯山

國際太空站由多個國家的太空艙組件組成，包括多功能艙、實驗艙和服務艙。作為核心的多功能艙負責生命維持和控制系統，實驗艙用於科學研究，而服務艙提供動力和通訊支援。

中國天宮太空站則由天和核心艙、問天實驗艙和夢天實驗艙組成。天和核心艙是管理和控制中心，兩個實驗艙則進行各類科學實驗。未來將會增設巡天號光學艙，配備太空望遠鏡。

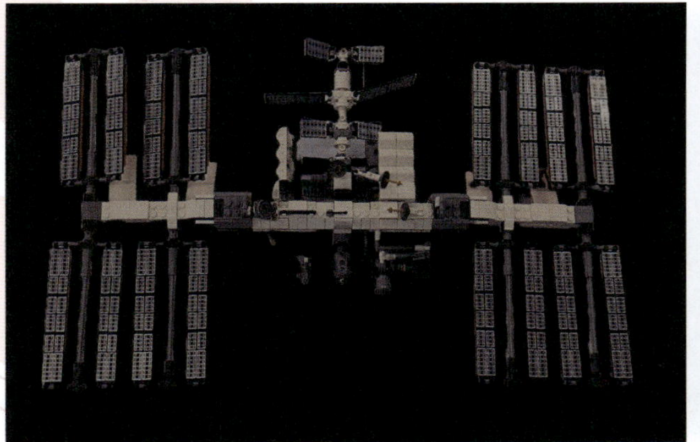

國際太空站積木模型

中國天宮太空站積木模型

Station Spacewalk Game 漫步遊戲

這是一個美國太空總署的太空人漫步遊戲，模擬太空人在國際太空站上進行修復工作，在氧氣有限的情況下，你必須在空氣供應耗盡之前完成艙外活動，例如探索太空站、安裝金屬桁架、展開太陽能板、修理機械臂、尋找遺失的維修工具和修復通訊設備，並返回氣閘艙。

Station Spacewalk Game 網站連結

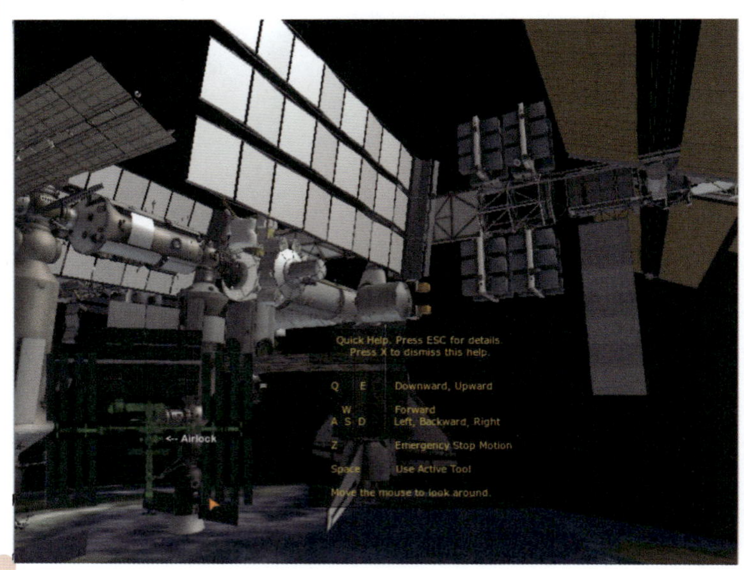

遊戲可以下載到自己的電腦上遊玩

雖然有網上版本，不過建議你可以下載到你的電腦上進行遊戲，並需要安裝 UnitWebPlayer 64 軟件，只需耐心等候幾分鐘即可。這款遊戲不僅好玩，還能讓你了解太空人的工作和國際太空站的重要性。

Stellarium 天象模擬應用程式

隨着科技的進步，我們可以透過一些天文觀星軟件和電子星圖，例如 Stellarium 天象模擬應用程式，能夠即時了解到在夜空中飛行的是屬於人造衛星，還是屬於其他在大氣層的人造飛行物體，例如飛機、直升機和無人航拍機等。

按左上方的功能鍵，設定位置，你可以選擇按自動定位，或者輸入現在居住的城市。若果未能夠找到相關的地方，也可以通過下面的互動地圖，標記你現在身處的地方。

Stellarium
網站連結

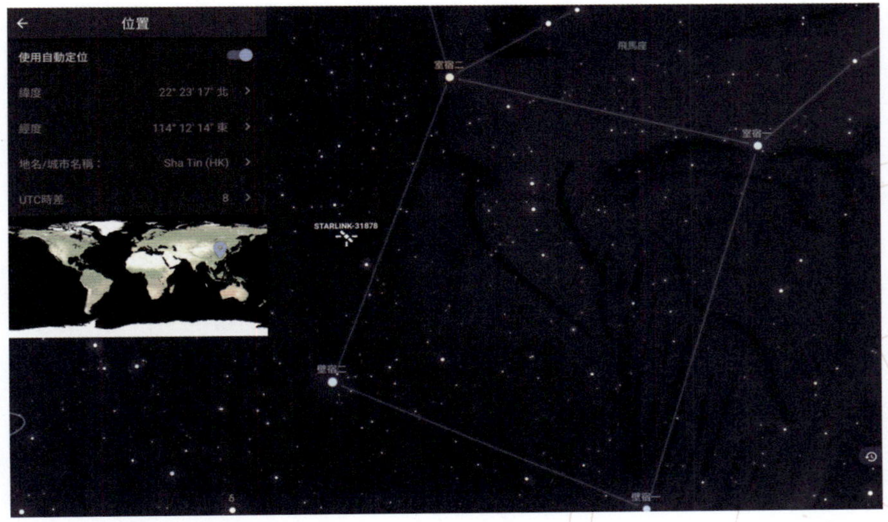

可以選擇開啟自動定位功能

嘗試轉動電子星圖，留意星空模擬器的夜空中，會否有一些正在飛行的人造衛星。你可以嘗試點擊看到的人造衛星，拉放左面的頁面，就能夠閱覽更多相關資訊。

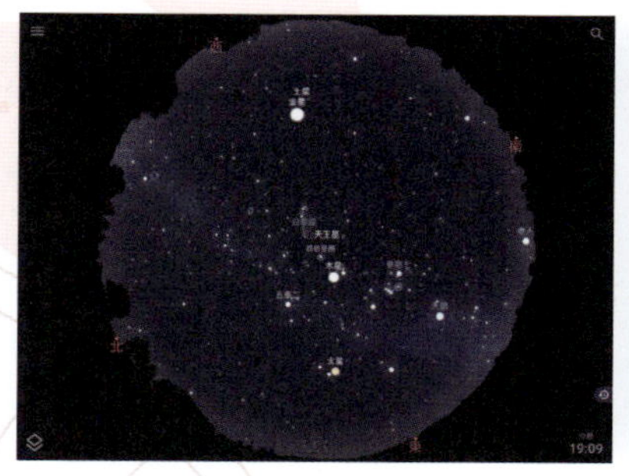

可以追蹤到人造衛星正在飛行

Heaven-Above 預測人造衛星

接着與大家分享一些可以預測人造衛星出現和飛行路線的網上平台。其中一款便是 Heaven-Above，這是一個專門用於觀察和追蹤人造衛星的網站，在網站上註冊和設定你的地理位置（觀測地點），並且選擇想要觀察的人造衛星，就能夠查看它的過境時間和在天空中的飛行路徑。

Heaven-Above
網站連結

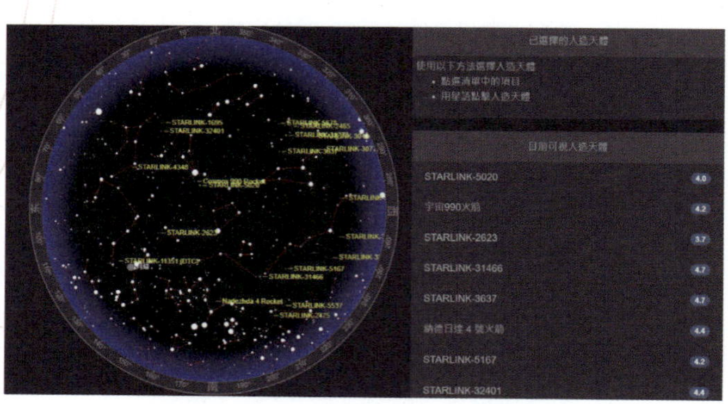

人造衛星資料一目了然

N2YO 實時追蹤人造衛星

N2YO
網站連結

N2YO 也是一個實時追蹤人造衛星的網站，了解有關人造衛星的最新資訊。

N2YO.com Tracking 30105 objects as of 25-Jan-2025 HD Live streaming from Space Station 1,901 objects crossing your sky now

ISS will cross your sky in 0h 35m 25s

Find a satellite... Search N2YO.com on Facebook Advanced

Home | Most tracked | Just launched | Satellites on orbit | Alerting tools | More stuff

Search for

Find Satellites In My Area
Live Satellite Tracking
Live Satellite Camera
Watch Live Streaming
Satellite Live Earth View
Live TV Streaming

CHINESE SPACE STATION SATELLITES

The Tiangong Space Station, is a Space Station placed in low Earth orbit between 340–450 km (210–280 mi) above the surface. The Tiangong Space Station, once completed, will be roughly one-fifth the mass of the International Space Station and about the size of the decommissioned Russian Mir space station.

The table is sortable. Please click on the header for ascending/descending sorting. To see all satellites in this category on a single page (it may crash your browser), click here.

Name	NORAD ID	Int'l Code	Launch date	Period [minutes]	Action
CSS (MENGTIAN)	54216	2022-143A	October 31, 2022	92.4	TRACK IT
CSS (TIANHE-1)	48274	2021-035A	April 29, 2021	92.4	TRACK IT
CSS (TIANHE-1)	48274	2021-035A	April 29, 2021	92.4	TRACK IT
CSS (TIANHE-1)	48274	2021-035A	April 29, 2021	92.4	TRACK IT
CSS (TIANHE-1)	48274	2021-035A	April 29, 2021	92.4	TRACK IT
CSS (TIANHE-1)	48274	2021-035A	April 29, 2021	92.4	TRACK IT
CSS (TIANHE-1)	48274	2021-035A	April 29, 2021	92.4	TRACK IT
CSS (TIANHE-1)	48274	2021-035A	April 29, 2021	92.4	TRACK IT
CSS (TIANHE-1)	48274	2021-035A	April 29, 2021	92.4	TRACK IT
CSS (TIANHE-1)	48274	2021-035A	April 29, 2021	92.4	TRACK IT

實時追蹤人造衛星，資料詳盡

ISS Transit Finder 追蹤國際太空站

ISS Transit Finder
網站連結

這是一個預測國際太空站過境的網站，只要輸入你的地理位置，系統就會顯示國際空間站的觀測時間表，方便拍攝國際太空站凌月或凌日現象，緊記使用專業的太陽濾光片，切勿以肉眼直接望向太陽。

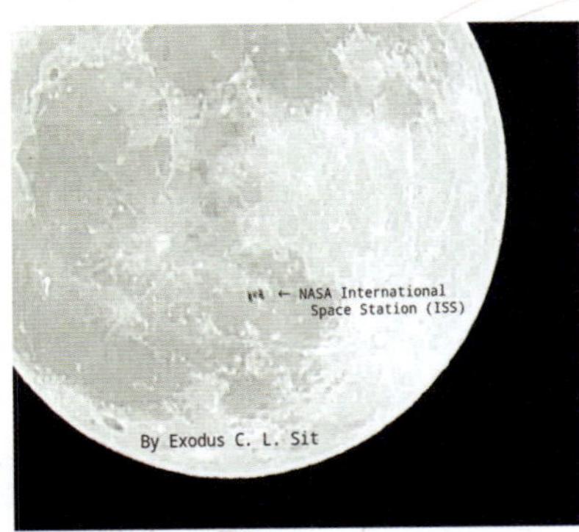

國際太空站過凌滿月 /
2017 年攝於香港沙田區

氣象衛星

原來我們日常生活中有不少的事情，都是與人造衛星應用有關！當中包括氣象衛星、通訊衛星和導航衛星。

通過氣象衛星（Weather Satellite），可以觀察和收集地球大氣層和氣象數據，獲取實時的氣象資訊，用作天氣預測。

泰羅斯 1 號氣象衛星（TIROS 1），於 1960 年由美國太空總署發射升空，是世界上第一顆成功的氣象衛星，能夠從太空測量地球的氣候，並且拍攝到地球大氣層的圖像。

泰羅斯 1 號氣象衛星 / NASA

觀看氣象衛星圖像

Zoom Earth
網站連結

如果想了解有關天氣的狀況，除了可以瀏覽香港天文台的網站外，也有一些收集氣象衛星數據的電子地圖！

Zoom Earth 是一個實時氣象的電子地圖，也是交互式的世界天氣圖和實時颶風跟踪器，你可以查看實時的氣象衛星圖像。而且通過左面的功能鍵，你就能夠了解到不同地方的實時氣象情況，包括雲量、降雨、風速、溫度、濕度，而且你亦能夠預測未來數天的天氣變化。

(上) 透過即時衛星圖像了解雲量的狀況 / Zoom Earth

(下) 透過交互地圖了解降雨的狀況 / Zoom Earth

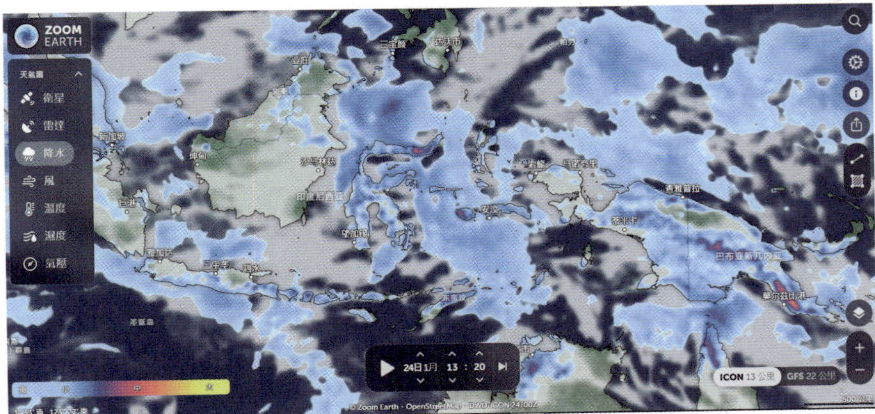

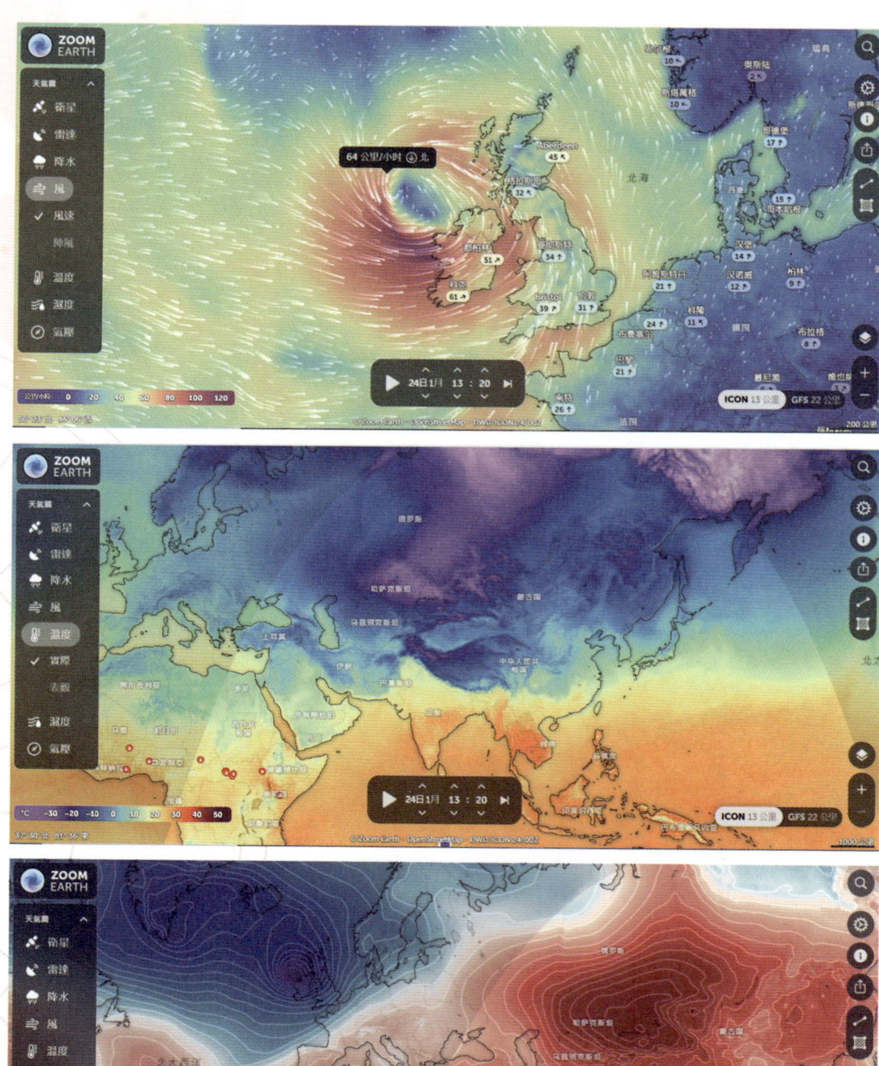

了解各地的風速、溫度和氣壓變化 / Zoom Earth

小挑戰！

觀察世界各地氣象實況

1. 記錄一下你現在身處城市 ________ 的氣象實況。(圈出選項)

天氣資訊	實時氣象情況
雲量和天氣情況	晴天 / 一些雲 / 多雲
降雨	極小雨 / 小雨 / 中雨 / 大雨
風速	________ 公里 / 小時
溫度	________°C
氣壓	________ hPa （高壓 / 低壓 / 平均壓）
熱帶氣旋	附近 (有 / 沒有) 熱帶氣旋

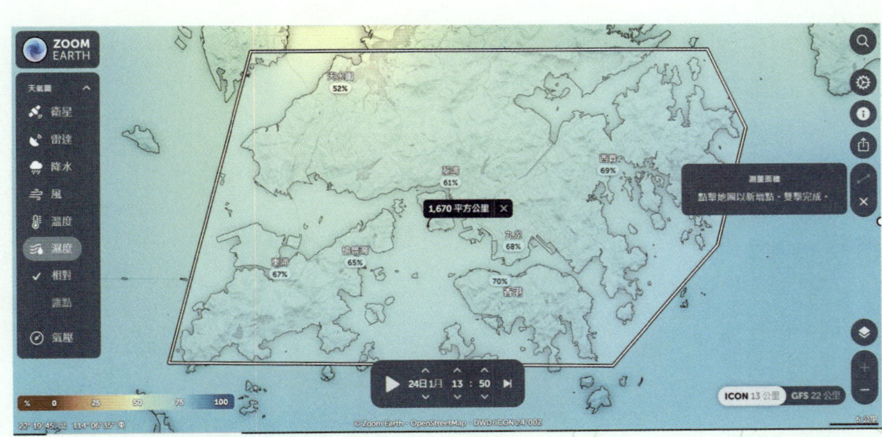

可以量度城市的距離和面積 / Zoom Earth

2. 試觀察氣象衛星地圖，注意是否有其他國家也面臨類似的自然災害，並完成下表。

透過 Zoom Earth 記錄不同的自然災害

觀察地點（國家城市）	自然災害類型
地方 1:________	災害 :________
地方 2:________	災害 :________

3. 以下城市正面對甚麼環境問題？ ______________________

通訊衛星

通訊衛星（Communications Satellite）是可以打破距離的限制，例如即時收看海外的電視節目直播，隨時隨地獲取來自世界各地的資訊，並且與遠距離的親朋好友進行網上視像見面，保持聯繫。

史普尼克 1 號衛星（Sputnik-1），於 1957 年由前蘇聯發射升空，是第一顆進入地球軌道的人造衛星，也是第一個進入外太空的人造物體，能夠定時向地球發送無線電波訊號。

通訊衛星如何讓我們在家中接收來自世界各地的訊息呢？當通訊衛星接收到來自地面站的訊息後，訊號會經過調整和處理，然後傳送到地面的天線塔，將訊號發送到電視台。電視訊號經由發射站發射，當家庭天線接收到這些訊號時，就能觀看現場直播的節目。

史普尼克 1 號衛星 / NSSDC, NASA

動手造

通訊衛星傳送器

讓我們嘗試通過 Micro:bit 模擬通訊衛星傳送器！

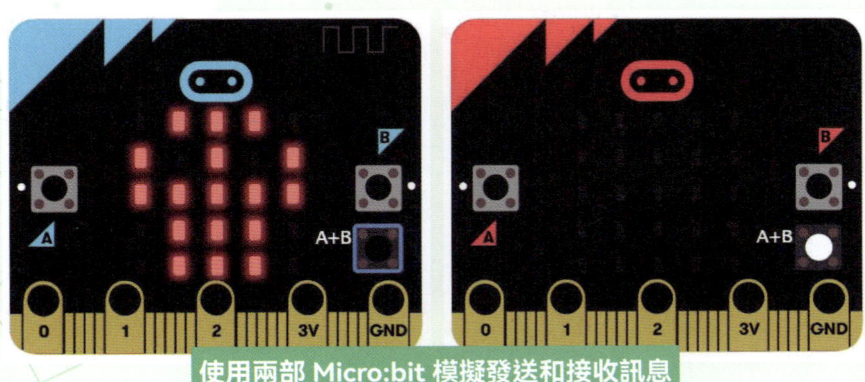

使用兩部 Micro:bit 模擬發送和接收訊息

其中一部 Micro:bit 編程電腦板扮演發送信號的通訊衛星，透過 MakeCode 編程，緊記要設定與其他不同的廣播群組號碼。在功能方面，可以設置按鈕為發送數字或文字。

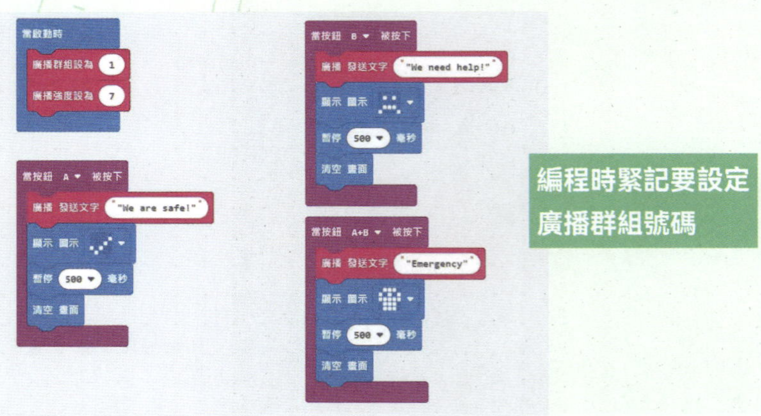

編程時緊記要設定廣播群組號碼

另一部 Micro:bit 編程電腦板扮演**接收訊息**的**衞星碟形天線**，透過 MakeCode 編程，嘗試接收來自通訊衞星的訊號。

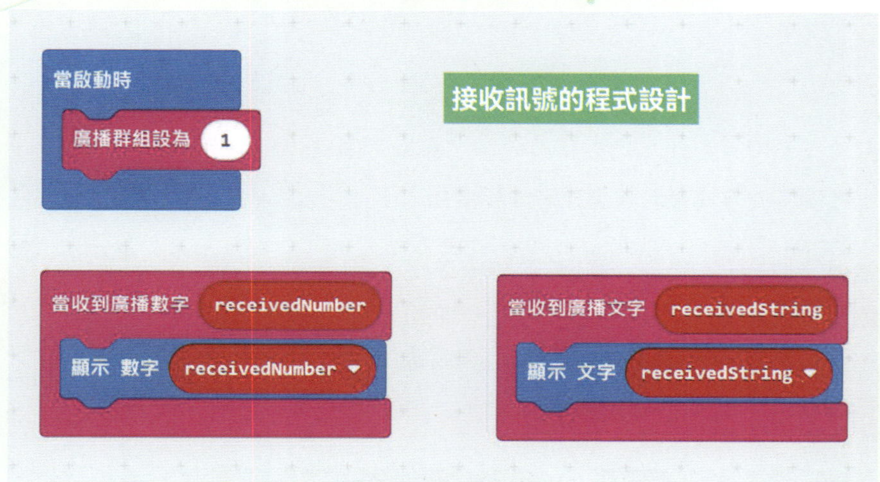

測試從不同距離發送訊號，並將接收訊號情況填寫在下表。

發送的訊號	發送的距離（cm）	能否接收到相同訊號
1 ________	________ cm	能夠 / 不能夠
2 ________	________ cm	能夠 / 不能夠
3 ________	________ cm	能夠 / 不能夠
4 ________	________ cm	能夠 / 不能夠
5 ________	________ cm	能夠 / 不能夠

小挑戰！

收聽全球電台

Radio Garden 是一個互動平台，讓用戶可以輕鬆收聽來自全球的廣播電台，操作簡單直接，可以實時收聽、探索不同文化和語言的節目內容，以一種獨特的方式來體驗全球音樂和廣播。

通過移動 3D 地球儀，將網站中央的綠色圈對準不同的綠色點，就能快速轉播和收聽不同地方的電台節目，例如位於斯瓦巴群島的北極電台，嘗試感受不同語言、歌曲和文化特色。

Radio Garden
網站連結

轉動地球儀尋找不同地方的電台（綠色點）

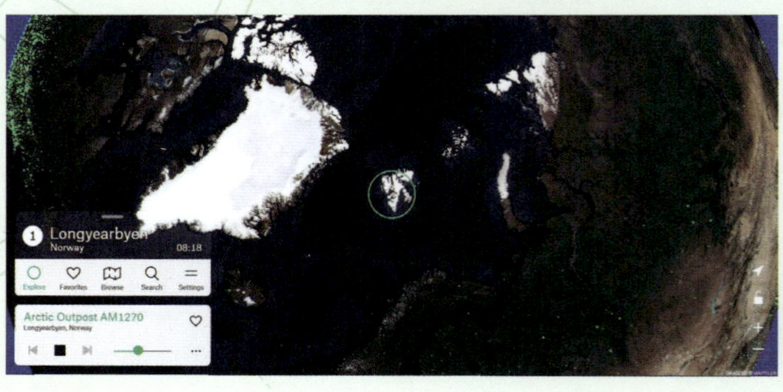

地球儀停下後，圓圈顯示綠色後會自動播放該區的電台

1. 通過 Radio Garden 收聽世界各地的電台節目，完成下表。

地點	電台名	FM 頻道	語言
1. ________	________	FM________	________
2. ________	________	FM________	________
3. ________	________	FM________	________
4. ________	________	FM________	________
5. ________	________	FM________	________

2. 試找出有哪些地方分別以英語和普通話進行電台節目。

地點	英語 / 普通話
1. ________	________
2. ________	________

導航衛星

在太空中飛行的導航衛星，讓我們可以通過衛星導航系統（Global Navigation Satellite System），幫助我們進行位置的定位，並且能夠指引我們前往目的地。

我們在生活中經常會使用電子地圖的導航功能 / Google Map

在現時的太空中，仍有不少圍繞着地球運行的導航衛星，當中有些更是能夠覆蓋全球的衛星導航系統，為我們提供精確時間和位置的定位，例如中國的北斗衛星導航系統（BeiDou Navigation Satellite System）、由美國研發的 GPS 全球衛星定位系統（Global Positioning System）、由俄羅斯營運的格洛納斯系統（GLONASS），以及歐盟研發的伽利略定位系統（Global Navigation Satellite System）。

Stuff in Space

Stuff in Space 能夠提供實時追蹤和可視化地球軌道上的物體，包括在太空飛行的人造衛星和太空垃圾，從外太空的角度，一覽在地球軌道上飛行的人造衛星！

小挑戰！

追蹤導航衛星軌跡

例如通過輸入「Beidou」，就能夠了解北斗衛星的飛行軌跡。

Stuff in Space
網站連結

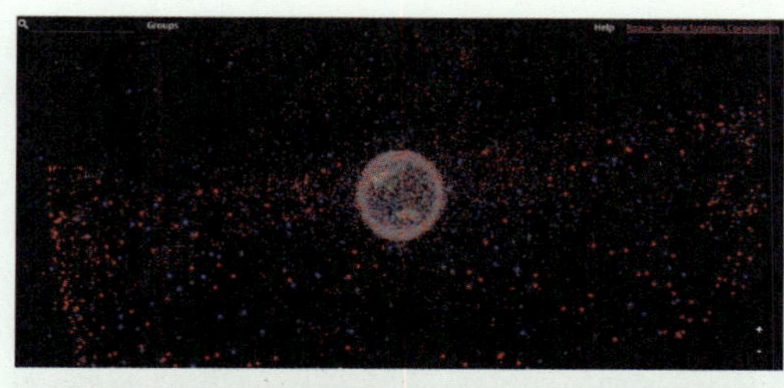

紅點代表人造衛星、藍點代表火箭箭身、灰點代表太空垃圾

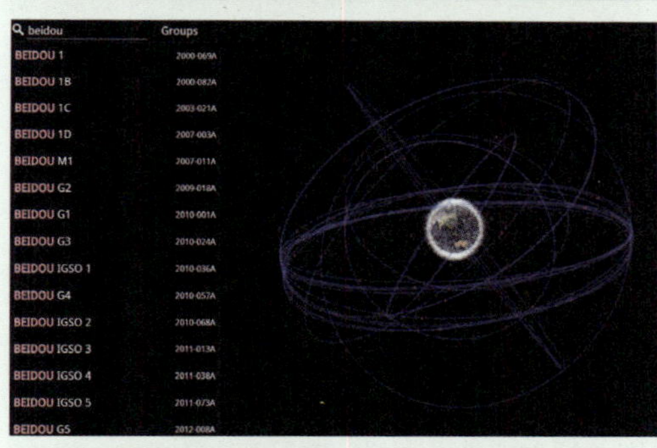

在搜索欄輸入 Beidou，就能夠看到北斗衛星的飛行軌跡

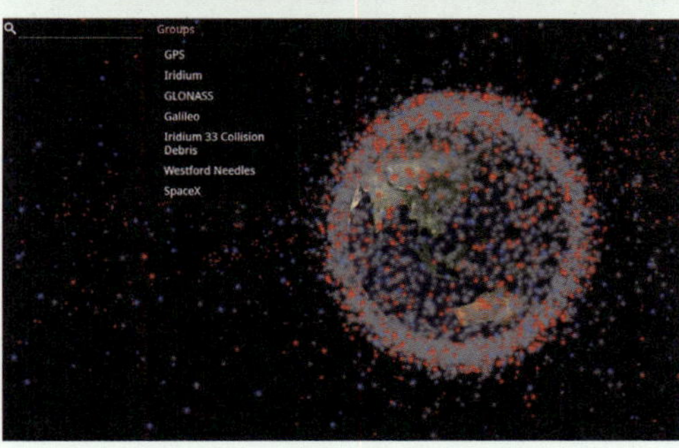

如果按「Group」功能鍵，就能夠看到其他導航衛星的軌跡

使用 Stuff in Space 模擬器，尋找這些導航衛星的飛行軌跡。

導航衛星	顯示最早的發射年份	模擬器顯示的衛星數目
中國北斗衛星導航系統	________ 年	________ 個
美國全球衛星定位系統	________ 年	________ 個
俄羅斯格洛納斯系統	________ 年	________ 個
歐盟伽俐略定位系統 (搜索簡稱：Galileo)	________ 年	________ 個

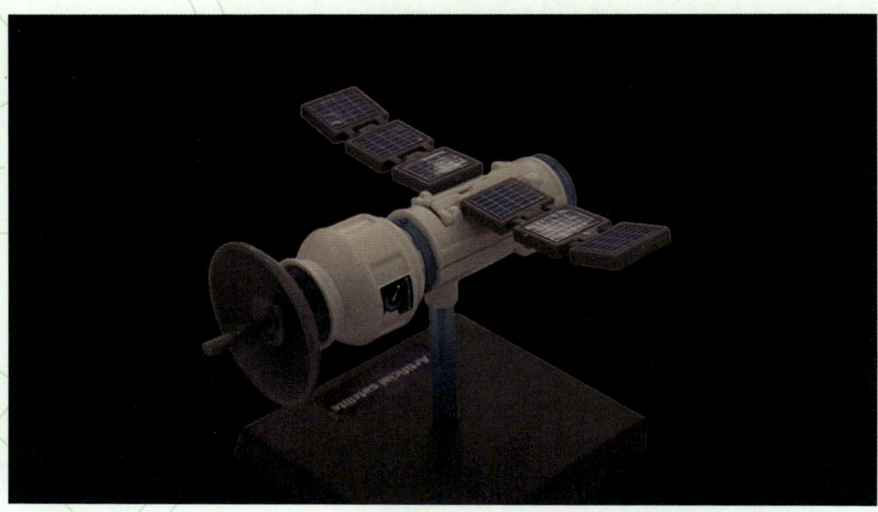

人造衛星的模型

Telescope

望遠鏡

如果你是第一次接觸天文觀測，建議你先不要急着買天文望遠鏡。因為學習基礎的天文知識，比單單拍攝星體更重要，它能幫助你更好地理解夜空的星體！不妨參加一些天文觀測活動，學習知識，又可以享受觀星的樂趣。

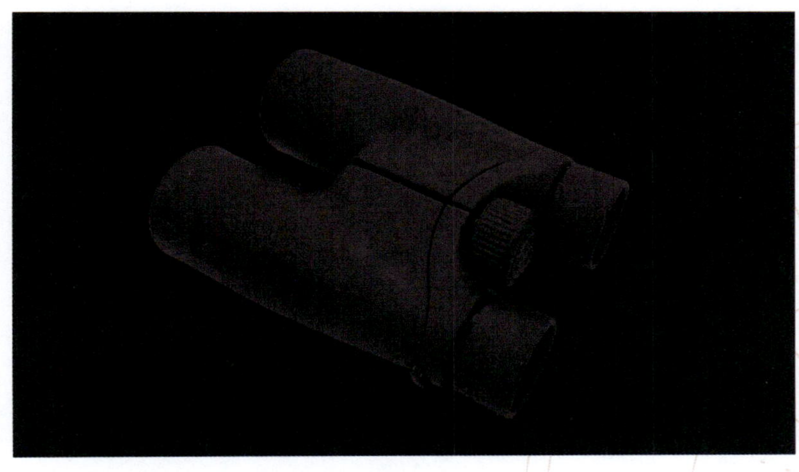

學習基礎的天文知識，再購買望遠鏡也不會太遲

認識天文望遠鏡

當你熟悉了天文學之後，可以考慮購買一個雙筒望遠鏡（Binoculars）。這種望遠鏡非常方便攜帶，適合隨時隨地觀賞星空！例如 7x50 的雙筒望遠鏡非常受歡迎，7 代表放大倍率，而 50 則是物鏡的口徑（50mm），這樣的設計讓你在黑暗中也能看到清晰明亮的影像。緊記，使用雙筒望遠鏡時，絕對不能直接觀看太陽！

天文望遠鏡（Astronomical Telescope）可以幫助我們觀測遙遠的星體和其他天體。首先，我們先來了解一下望遠鏡的主要功能，然後，再想想哪些是最適合自己的望遠鏡。

認識天文望遠鏡

主要功能

天文望遠鏡的主要功能是收集光線和放大影像。這樣，我們就能看到更清晰的星體。例如，當你在晚上觀星時，可能只能看到幾顆明亮的星體，但如果使用天文望遠鏡，你會驚訝地發現有很多隱藏的美麗天體！

選擇時的考慮因素

選擇望遠鏡時，有兩個主要的因素需要考慮：

- 口徑（Diameter）：這是望遠鏡主鏡的直徑。口徑愈大，能收集到的光線就愈多，看到的影像也會愈明亮！
- 物鏡焦距（Focal Length of Objective）：這是光線進入望遠鏡後，聚焦到一個點的距離。焦距愈長，影像放大倍數就愈高，但視野會變得較窄。

大口徑的杜布森式望遠鏡 / 攝於美國加州的塔瑪爾巴斯山

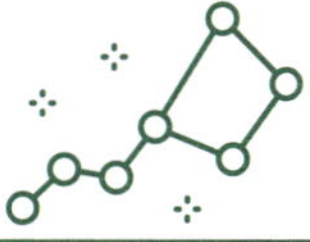

天文望遠鏡的配件

天文望遠鏡還有一些有趣的配件，可以幫助我們更有效地觀測天象。

目鏡（Eyepiece）

它是望遠鏡與我們眼睛最接近的地方，它可以放大影像。例如你的目鏡焦距是 12 mm，而主鏡焦距是 1200mm，那麼放大倍率就是 100 倍！這樣你就能看到更多天體的細節！

尋星鏡（Finderscope）

這是一種小型的低倍率望遠鏡，用來幫助我們找到目標的天體。

巴羅鏡（Barlow Lens）

它可以延長望遠鏡的物鏡焦距，可以提高放大倍率，你看到的影像就會變得更大！

望遠鏡兩個突出來的部分，分別是目鏡和尋星鏡

赤道儀（Equatorial Mount）和追星儀（Star Tracker）

這兩部分可以幫助我們在觀星時，讓望遠鏡保持對準星體。當地球自轉時，天空中的星體看起來也在移動，赤道儀能抵消這種運動，讓望遠鏡跟隨星體轉動，這樣我們就能一直看到同一顆星體了。

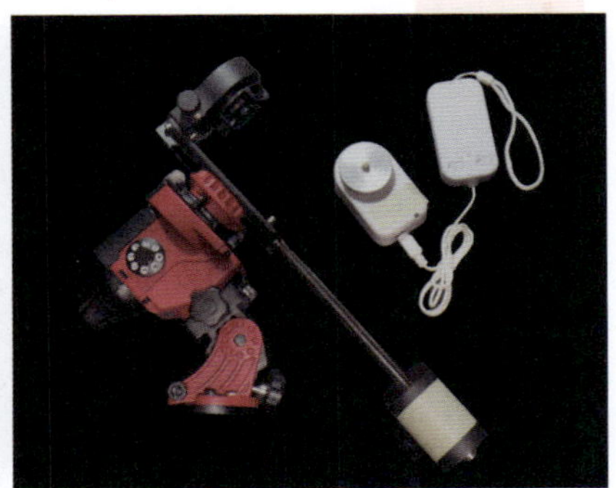

赤道儀和追星儀

平衡錘（Counterweight）

記得在安裝望遠鏡後，要檢查支架另一邊的平衡錘，確保它能平衡望遠鏡的重量。你也可以輕輕推一下望遠鏡，看看它是否能順利地轉動。

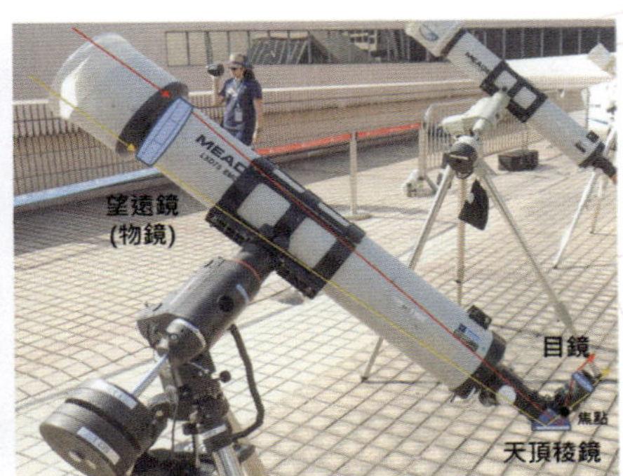

平衡錘是保持望遠鏡平衡的重要配件

天文望遠鏡的類型

根據設計，天文望遠鏡主要分為三種類型：折射式望遠鏡、反射式望遠鏡和折反射式望遠鏡。

折射式望遠鏡（Refracting Telescope）

使用透光的物鏡來折射光線，通常結構簡單，非常適合初學者使用。而且它的鏡筒採用密封設計，類似於相機鏡頭，不易入塵和容易保養，但普遍會有色差問題。

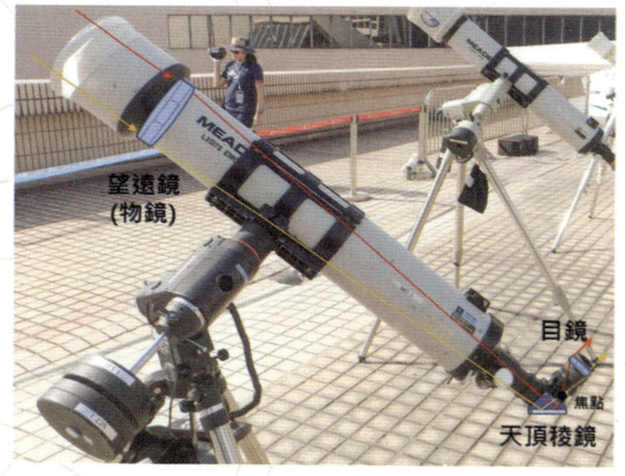

折射式望遠鏡的構造

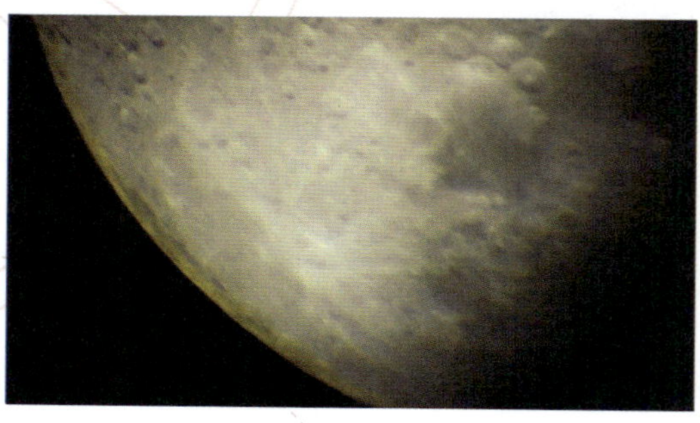

透過折射式望遠鏡看到的影像

反射式望遠鏡（Reflecting Telescope）

使用主鏡（凹面鏡）來收集光線，然後副鏡會把這些光線反射到目鏡上，將光線聚焦到一個點，最後目鏡會把影像放大。它較少色差問題，價格較便宜，但需要定期保養。

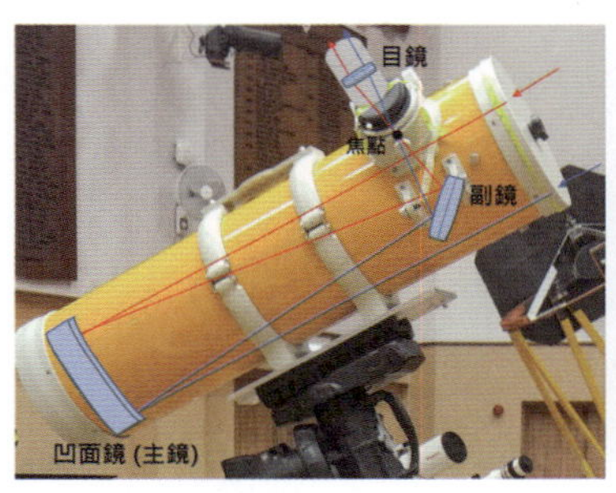

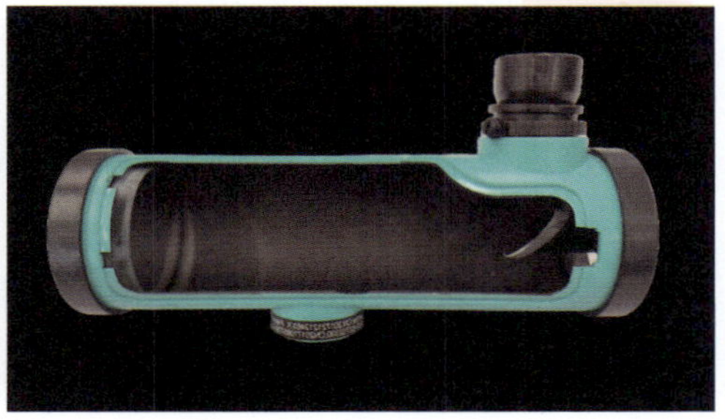

反射式望遠鏡的構造

折反射式望遠鏡（Catadioptric Telescope）

它是結合了折射和反射兩種技術，可以減少影像失真。而且它的鏡筒也是密封式設計和不易入塵，適合高倍的天文觀測，包括月球、行星和深空天體。

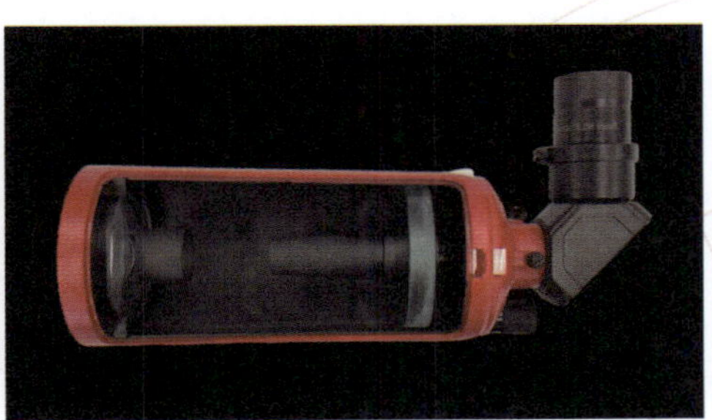

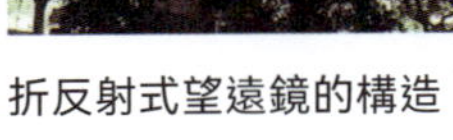

折反射式望遠鏡的構造

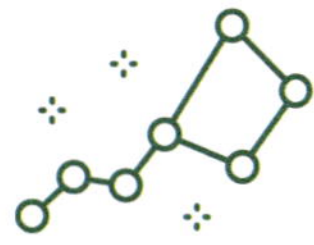

如何選擇天文望遠鏡

當你選擇望遠鏡時，可以考慮以下幾點：

用途

你想觀測甚麼？是想看夜間星體還是行星表面？不同用途需要不同類型的目鏡和焦距。

方便性

如果你的望遠鏡太重，就不容易攜帶出去觀星了！選擇一個輕便易用的望遠鏡會更合適。而且體積太大，存放在家中也是一個考慮。

選用適合自己的太空望遠鏡才是最重要的

預算

根據自己的財政預算選擇合適的型號，不一定要買最貴的望遠鏡才是好的。

通過了解這些天文望遠鏡的基本知識，希望你能選擇到最適合自己的天文望遠鏡，齊來探索神秘而美麗的宇宙吧！

Ultraviolet

紫外線

紫外線並不陌生，它與我們的日常生活有着密切的關系。天文台每天都會預測最高紫外線指數和曝曬級數，並就指數高低提供防曬建議，此外，衞生署也會提醒我們只能適量接觸紫外線。可想而知，雖然人類看不見紫外線，但它對我們有非常重要的影響。在研究天文方面，紫外線也可以幫助科學家觀察宇宙深處的各種天體。

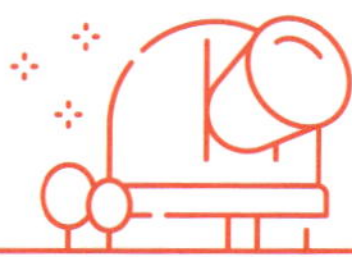

紫外線的害處和用處

傷害皮膚

太陽紫外線會傷害皮膚，所以我們使用防曬霜來保護自己，避免曬傷。

消毒

紫外線可用於消毒，例如紫外線燈可以在短時間內殺死細菌和病毒，讓我們的環境更清潔和有衛生。

用於印刷

此外，在印刷的時候，紫外線也能幫助油墨快速乾燥，大大把乾燥時間縮短。

用於天文

在天文學中，紫外線主要用於觀測恆星和星系的輻射，拍攝肉眼看不見的天體細節，了解天體的溫度、化學成分和演化過程。紫外線無法穿透地球的大氣層，較多應用於太空望遠鏡。

透過紫外線相機拍攝的太陽 / NASA SDO
©NASA's Scientific Visualization Studio

螢光效果

蠍子在紫外線燈的照射下呈現螢光反應，有科學家推測，儘管蠍子的視力不佳，但牠們對藍綠光非常敏感，因此能夠利用身體吸收紫外線並將其轉換為藍綠色的螢光，這樣可以感知月光的細微變化，從而隱藏在陰暗的地方，以避開其他捕食者。

八重山蠍（Dwarf Wood Scorpion）/ 攝於大埔滘

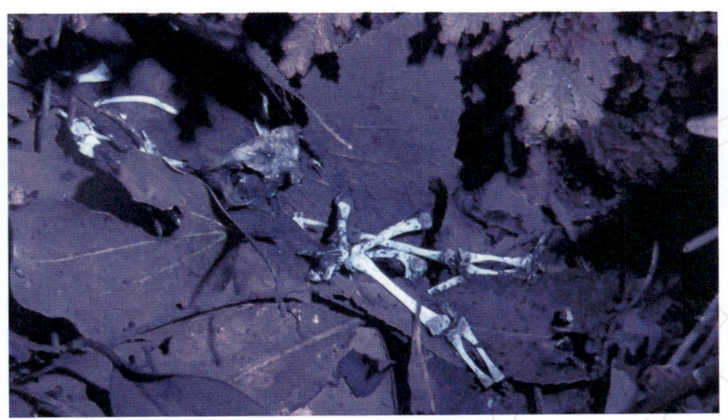

紫外光照射骨頭時，也會看到特別的反光效果 / 攝於大埔滘

小挑戰！

觀看紫外線影像

Wavelength 是美國太空總署的一個科普網站，介紹天文學家如何通過太空望遠鏡拍攝的影像，比較可見光和不同波長的光拍攝的太陽系行星和宇宙星體，從而了解到當中的化學物質和天體的細節。你可以往左右拉動中間的白色線，比較一般的可見光和其他光的效果。

Wavelength
網站連結

比較土星的可見光影像和紫外線影像
/ NASA 哈勃太空望遠鏡

Vacuum

真空

真空（Vacuum）是一種沒有氣體和低氣壓的環境。例如吸走真空保鮮盒內裏的空氣，幫助食物保持新鮮，讓食物不容易變壞。或許你會發現，家裏的吸塵機，也是利用真空技術把灰塵吸入塵筒中。

宇宙的真空環境

天文學中，真空環境對於研究宇宙非常重要。太空幾乎是真空環境，這使得太空人能夠在太空站進行各種科學實驗。此外，科學家也使用太空望遠鏡，在沒有空氣擾動的情況下，可以更清楚地觀測遙遠的星體和星系。

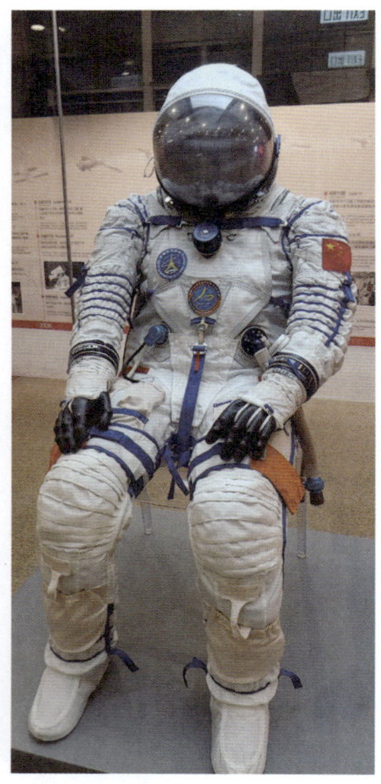

登月太空服模型、中國宇航員的太空服 / 2024 年攝於香港歷史博物館「中國載人航天工程展」

動手造

微重力手套箱！

太空人在進行實驗時，可能會使用一種叫做微重力手套箱（Microgravity Science Glovebox）的設備，這個手套箱能讓他們的手在密封的空間裏自由活動。

這次讓我們製作一個模擬真空的「小微重力手套箱」，讓你體驗一下太空人如何在太空中進行實驗的過程！在製作這個手套箱時，可以使用一些日常生活中的材料，例如紙箱和塑膠手套。當你把手放進去時，可以感受到微重力的狀態，像真正的太空人進行太空實驗一樣，有趣！

步驟 1

在一個紙箱上剪裁三個孔。左右兩個孔可以放入整隻手，而中間的孔則用來放入微型抽真空機的吸口。

步驟 2

在左右孔的洞口邊緣上，貼上絕緣膠帶，這樣可以讓孔的形狀更穩固。

步驟 3

可用兩卷雙面膠紙作為紙圈套在手套上或造一個紙皮圈，製成圓形，鞏固地套在塑膠手套的尾端，這樣穿戴手套時會更方便。

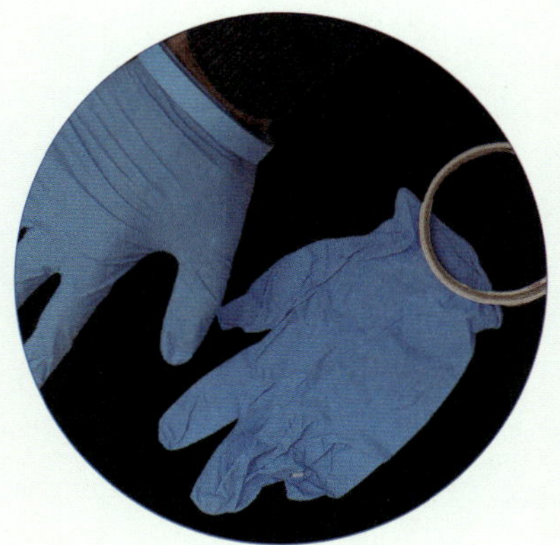

步驟 4

當你把戴上手套的雙手放入左右孔時，紙皮圈會剛好卡住，形成一個密閉的空間。測試你的雙手在這個密封空間裏能否活動自如。

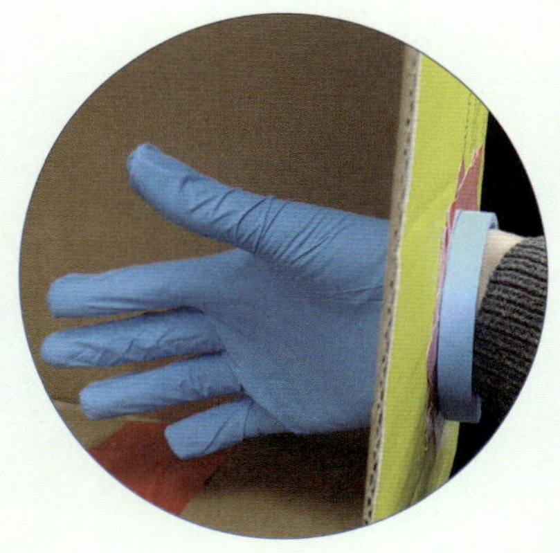

步驟 5

只要將手向外拉，穿過紙皮圈就能輕鬆脫掉手套。

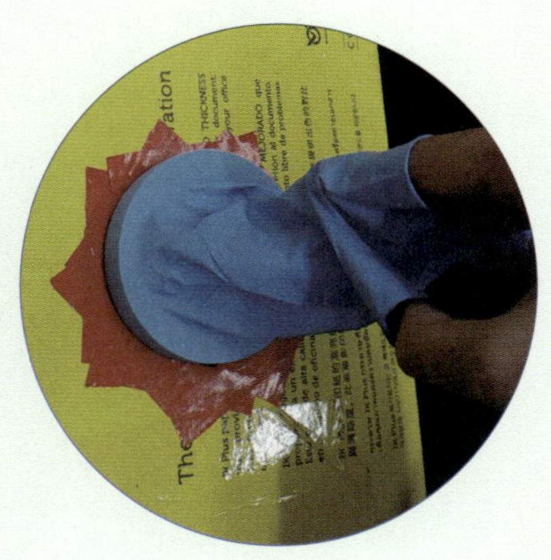

步驟 6

選擇一塊透明度較高的膠膜，並把它鋪在紙箱上。

步驟 7

開啟微型抽真空機，把吸口放入中間的孔，把空氣抽出，模擬真空的環境。試着放入一些物件，例如圖中的塑膠植物，感受一下太空人在微重力手套箱裏進行科學實驗的情況。

這樣，你就能體驗到太空人是如何在太空中進行實驗的啦！最好邀請朋友一起參與，互相幫助啊！

太空在哪裏？

太空（Space）指的是地球大氣層以外的區域，最明顯的環境特徵是，當太空人進入太空時，他們會感覺到自己處於失重的狀態（Weightlessness），這意味着太空人和周圍的物品都會飄浮，就像在水裏浮起的感覺一樣。

在地球上，我們也能體驗到失重的感覺，這裏有幾個例子：

- 當電梯快速向下移動時，會感覺身體變得輕
- 過山車快速下滑時，也會感到失重
- 自由落體的遊樂設施在下降時瞬間的感覺
- 無重力飛機（Zero-gravity Flight）的飛行體驗
- 室內跳傘，則是模擬失重的一種安全活動
- 太空人在深水池裏訓練，這樣可以幫助他們掌握失重狀態下的身體協調

太空筆（Space Pen）是一種專為太空環境設計的書寫工具，能讓太空人在各種特殊情況下輕鬆使用。它的設計是密封的，裏面充滿了氣體，這樣即使在失重的環境中、極端的溫度變化、在水下或油中的環境下，也能正常書寫。

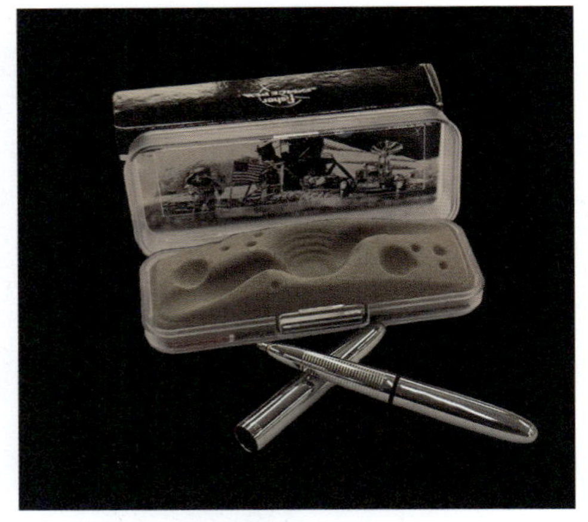

專為在太空環境使用而設計的太空筆

動手造

模擬失重狀態

利用磁浮原理懸浮的物品，可以讓我們體驗到失重時物品漂浮的感覺。除此以外，也可以用氦氣球模擬物品在太空失重狀態。

利用磁浮原理可以把物品懸浮空中

你可以在氦氣球上貼上皺紋膠紙來增加重量，讓它保持懸浮，這樣就能模擬物品在太空中失重的感覺！

步驟 1

準備一個氦氣球（Helium Balloon），並在尾部綁上絲帶，以防止它飄走。記得不要使用易燃的氫氣球（Hydrogen Balloon），這樣會很危險。

步驟 2

在氦氣球的尾部，慢慢分階段逐少貼上皺紋膠紙來增加重量，然後剪掉絲帶。當氣球保持懸浮狀態，不上升也不下降時，就像物品在太空中失重的感覺。

步驟 3

氦氣球會慢慢漏氣，所以每隔一段時間需要去掉一些皺紋膠紙，以保持它的懸浮狀態。

Weather

天氣

天氣變化多端，變幻無常，令人難以捉摸，讓我們一起來探索它的奧秘！許多人把天文學與氣象學混淆，其實它們是兩個不同的科學領域，研究範疇和對象也截然不同！

在藍天白雲下，總是讓人覺得舒暢 / 2024 年攝於西藏

天文學是甚麼？

天文學（Astronomy）專注於地球大氣層以外的現象，研究宇宙中的天體，包括恆星、行星和星系。天文學家利用望遠鏡觀察這些天體，研究它們的運行軌跡、組成和演變。天文學與我們的關係，例如，當我們觀測月球、流星雨或星體時，我們便是參與其中。

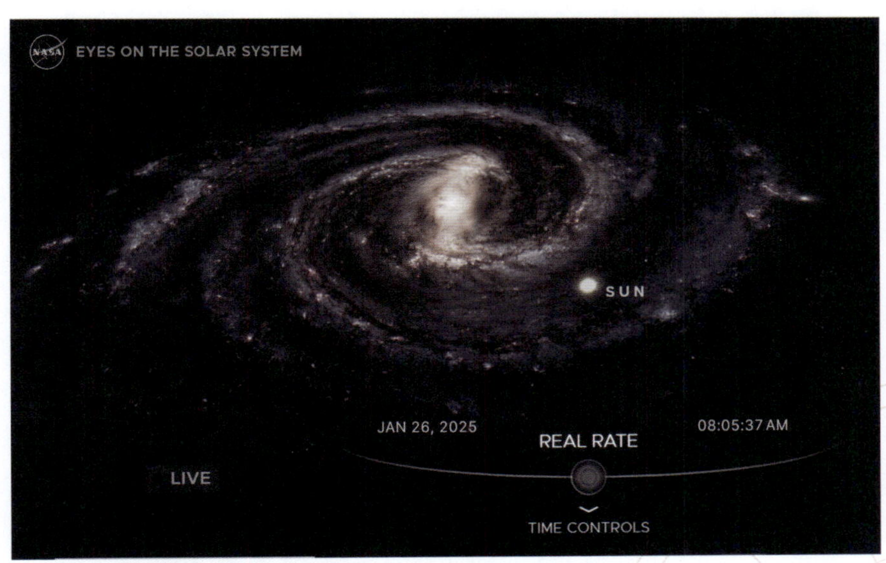

我們可以通過天文模擬器認識太陽系與銀河系的關係 /
Eyes on Solar System (eyes.nasa.gov/apps/solar-system)

氣象學是甚麼？

氣象學（Meteorology）專注於地球大氣層以內的現象，包括雲量、降雨和颱風等。氣象學家會使用氣象儀器，以觀測和預測天氣，作出災害預警和預測提示，確保我們提高警覺和應對日常的天氣變化，讓我們生活更安心。例如明天是否需要攜帶雨具外出，或者下星期安排的戶外活動是否可以繼續進行等等。

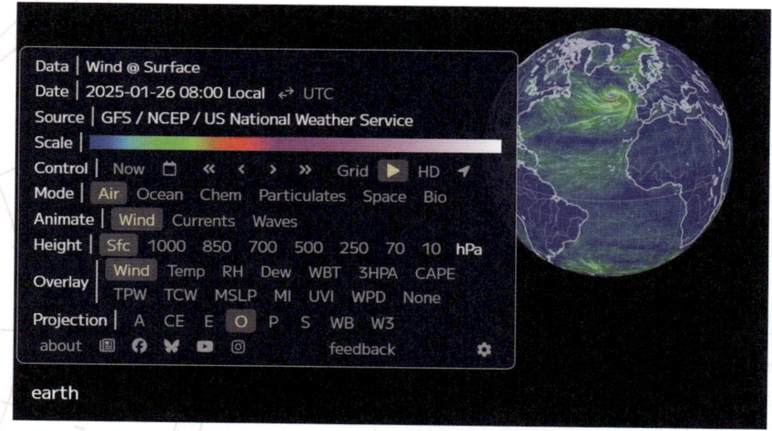

觀察全球氣象資訊 / Earth Nullschool (earth.nullschool.net)

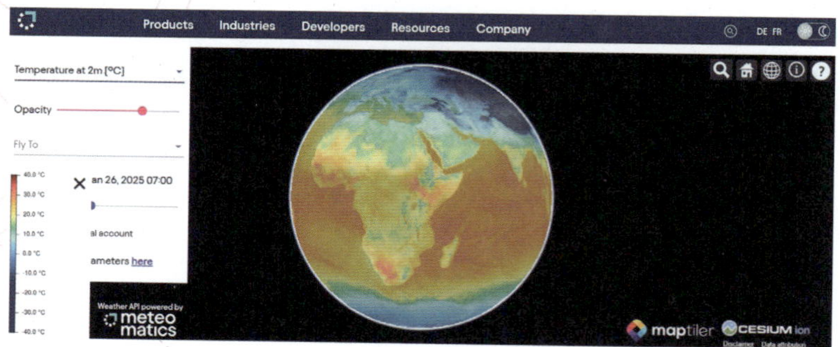

全球天氣預報的互動地圖 / Meteomatics (meteomatics.com/en/3d-weather-map)

天氣是甚麼？

大家有沒有注意到，如果早上起牀時，看見窗外天朗氣清，陽光燦爛，特別讓人心情愉快呢！相反，烏雲密佈，甚至下起雨來，心情也會一沉。這些都是我們每天都能經歷到的變化。天氣和氣候是兩個不同的概念，讓我們一起深入了解兩者之間的差異！

天氣（Weather）是指某一個地區在短時間內，由幾小時到幾天的氣象狀況，包括溫度、降雨量和風速等。今天是晴天，明天卻下雨。這些天氣變化會影響我們的日常生活和衣服的轉變，考慮是否需要加衣、帶雨具或戴上太陽眼鏡等等。

暴風雪後的景象 / 2024 年攝於青藏高原的牛背山

OpenWeather 天氣預報地圖 (openweathermap.org)

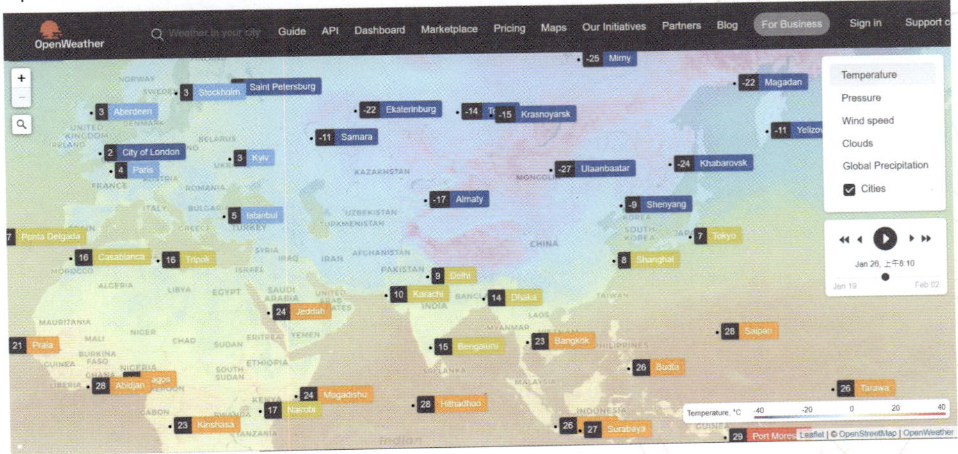

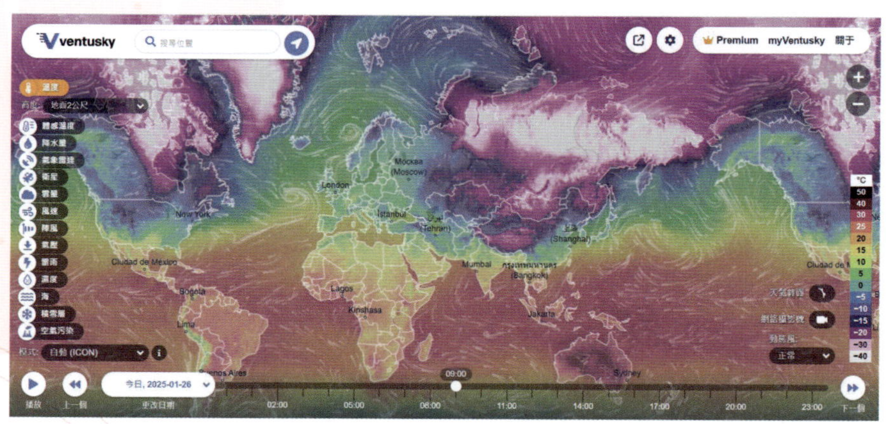

Ventusky 天氣及颱風預報 (www.ventusky.com)

風速傳感器（Wind Sensor）

這是一種用來測量風速的設備，對於氣象學和環境科學非常重要！它的主要功能是提供準確的風速數據，這些數據可以幫助我們了解當時的氣象情況，通過旋轉葉片來測量風速（空氣的移動速度），並以數字顯示有關數據。

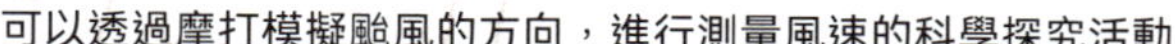

可以透過摩打模擬颱風的方向，進行測量風速的科學探究活動

天氣瓶（Storm Glass / Chemical Weather Glass）

這是一種利用化學原理、觀察天氣變化的工具。它由一個密閉的玻璃容器組成，裏面裝有特定的化學物質溶液，結晶形態可以作為天氣預測的參考，包括晴天、多雲、降雨、雷暴和下雪。

天氣瓶的科學原理，是根據外部環境的溫度變化，產生不同的結晶形態，從而反映即將來臨的天氣情況。當環境溫度下降時，樟腦會析出結晶；而當溫度上升時，結晶又會溶解。

天氣瓶不僅是一個美麗的裝飾品，也是探索科學的有趣實驗

氣候是甚麼？

氣候是指一個地區在長時間內，通常至少 30 年的平均氣象狀況。如果生活在一個熱帶氣候的地方，又是炎熱又潮濕，會影響農業的收成。建築方面，設計除了隔熱、遮陽，也要重視通風，也要吸濕、透氣、速乾等等。這反映一個居住的地方與長期氣象狀態，是息息相關的。

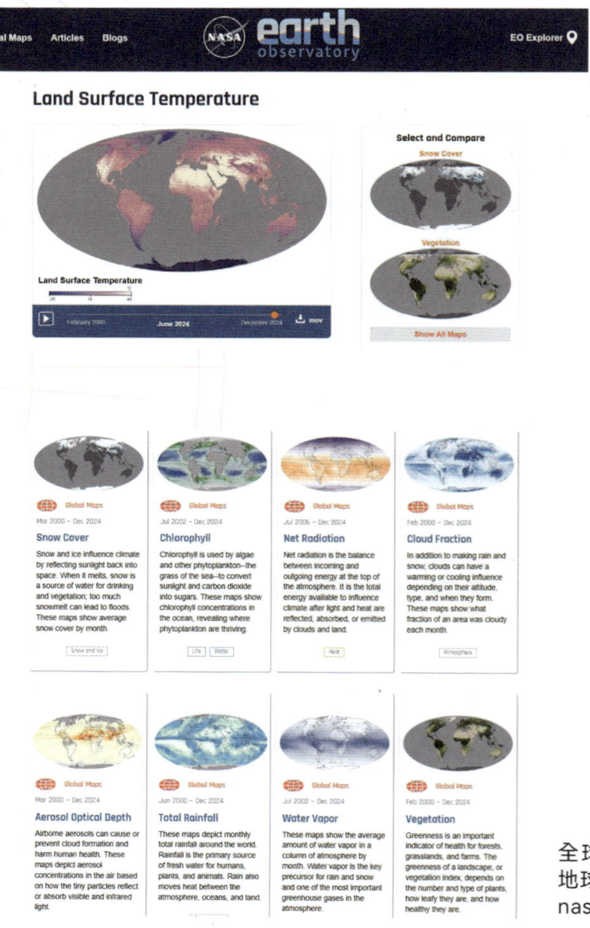

全球氣候地圖 / 美國太空總署地球觀測站 (earthobservatory.nasa.gov/global-maps)

氣象衞星（Weather Satellite）

主要是觀察世界各地的氣象變化，收集大氣層數據作天氣預測。不過把人造衞星（Artificial Satellite）送上太空向來都是非常昂貴的，能否降低衞星的製作費用呢？相信是一個頭痛的問題，大家動動腦筋吧！

立方衞星是未來太空科技的大趨勢 / NASA Caltech

©Courtesy NASA/JPL-Caltech

立方衞星（Cubesat）

這是一種用於太空研究的微型衞星（Small Satellite），與傳統衞星相比之下，體積非常小，最小的基本單位稱為 1U（長寬高為 10 厘米），重量則少於 1.33 公斤。它的研發成本較低，而且一次的火箭發射可以送上大批的立方衞星。

動手造
氣象衛星模型

這次與大家分享一下如何製作一個簡單的氣象衛星模型。

步驟 1：設計外殼及預備材料

首先我們可以通過 Tindercad 建模軟件，以簡單直界面和積木式的操作方式，建造立方衛星外殼的 3D 模型，自行設計一個立方體的外殼。至於製作物料方面，可以考慮使用 3D 打印物料，也可以考慮使用塑膠板、紙皮板等日常生活物料，親手製作。

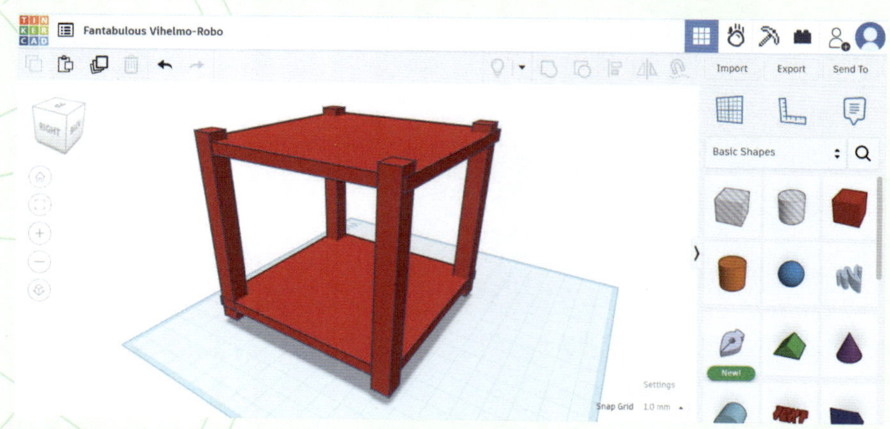

使用軟件可以進行不同的外殼設計 / Tindercad

使用 Tindercad 軟件製作立方體衛星時，需要注意以下事項：

- 注意 1U 立方體衛星的體積和重量，通常邊長是 10 厘米，總重量限制在 1 公斤。
- 設計時必須考慮到衛星在發射時會受到很多震動，需要確保衛星的穩定性和克服太空環境的功能（溫度變化和輻射）。

此外，你也可以考慮使用 Mecabricks 虛擬搭建平台（mecabricks.com/en/workshop），它是專門用於創建和展示積木的 3D 模型。只需在瀏覽器中操作，就可以輕鬆建造和設計立方衛星外殼的 3D 模型，一起享受簡化的設計過程，發揮無限的想像力和創造力！

Mecabricks
網站連結

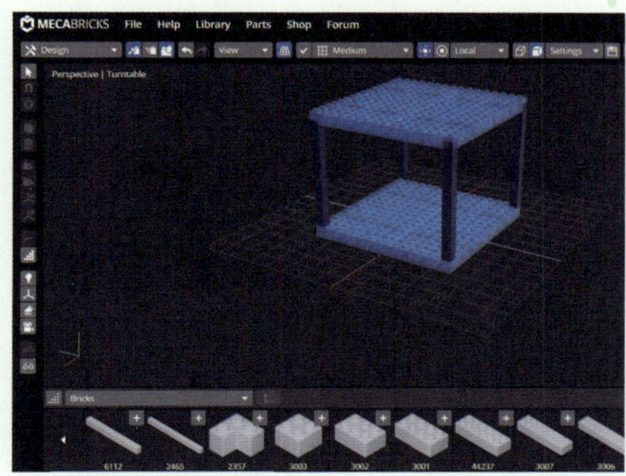

這個平台的 3D 模型按照比例，具真實感 / Mecabricks

步驟 2：安裝編程電腦板

當你完成立方衛星模型的外殼後，可以考慮安裝 Micro:bit 編程電腦板，透過 MakeCode 編程，你可以為這個氣象衛星模型添加不同的功能。

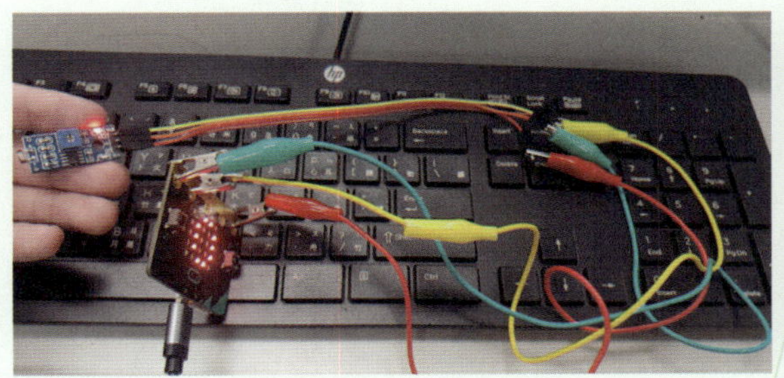

Micro:bit 編程電腦板可以額外添置傳感器

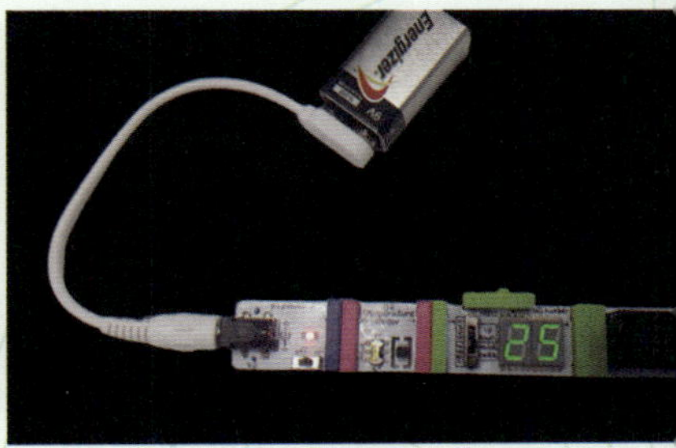

也可以考慮使用其他測量的編程工具（littleBits）

步驟 3：編寫程式顯示光度變化

接下來，我會分享一些你可以考慮的編程，讓你的氣象衛星模型更加有趣和實用！

在一塊 Micro:bit 開發板進行編程，能夠透過按鈕顯示不同環境的光度變化。

按鈕 A：通過聲音的音高呈現光線感測值。

按鈕 B：通過顯示屏的亮燈數目顯示光度。

同時按着 A+B：直接以數字顯示光線感測值。

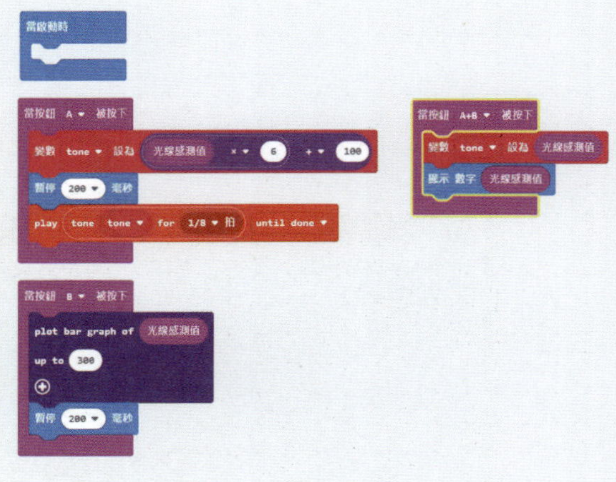

步驟 4：編寫程式顯示環境數據

另一塊 Micro:bit 開發板的編程，能夠透過按鈕顯示其他環境數據。

按鈕 A：直接顯示溫度感測值。

按鈕 B：直接顯示方向感測值。

同時按着 A+B：發出立方衛星機件故障的求生信號。

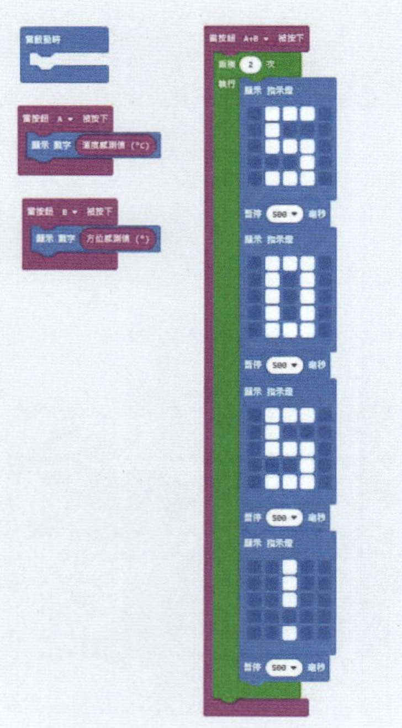

X-ray

X 射線

X 射線（X-ray）是一種特別的光線，能夠穿透物體，在生活中非常有幫助。

X 射線會用於恐龍標本研究 / 2024 年攝於內蒙古自然博物館

X 射線的應用

在醫療方面，它可以觀察人體內部結構，包括骨骼、器官和組織，有助於發現骨折、感染或其他身體的異常情況，以幫助醫生提供合適的治療。在機場安檢中，工作人員使用 X 射線機器來檢查行李，確保裏面沒有危險物品。此外，X 射線還被用來檢查建築物或機器中的裂縫，以確保安全性。

在天文學中，由於地球有大氣層的保護，會阻擋大部分來自外太空的 X 射線。因此，科學家需要把望遠鏡放在太空中（Space Telescope），這樣才能捕捉到宇宙中的 X 射線，幫助科學家觀黑洞和超新星等天體。

昌德拉 X 射線天文台（Chandra X-ray Observatory）是目前世界上最強大的 X 射線望遠鏡，它能幫助科學家了解宇宙的結構和變化。

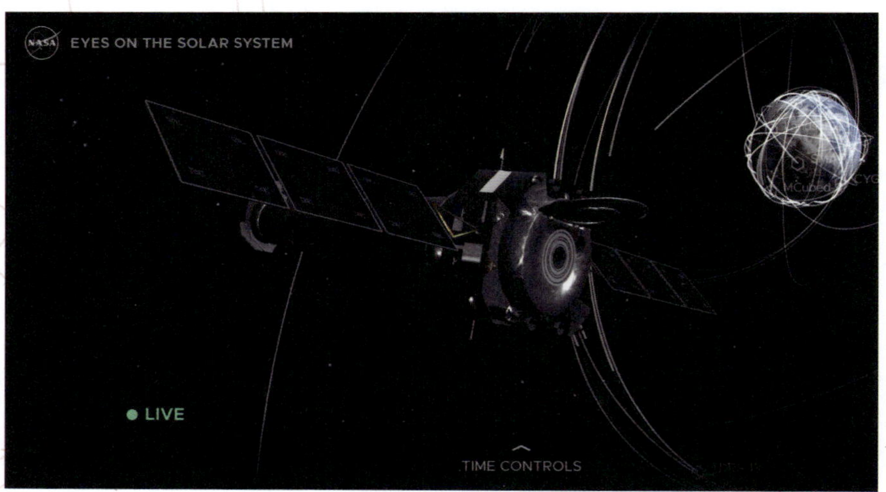

昌德拉 X 射線天文台 / Eyes on the Solar System

Year

年

時間在天文學中扮演了關鍵的角色，特別是透過「年」這個概念來理解地球與太陽的運行。地球每年繞着太陽公轉一圈，這就是我們所說的「一年」，大約為 365.25 日。這個過程不僅告訴我們時間的流逝，還導致了四季的變化，因為地球的自轉軸傾斜，讓陽光照射在北半球和南半球的角度和強度不同。

另一個與「年」有關的天文學詞語是「光年」(Light-year)。大家可能會聯想到卡通角色，其實「一光年」是指光於真空中傳遞一年所經歷的距離，而不是時間的長度。想像一下，如果有一架能以光速飛行的飛船，要到達太陽只需約 8 分鐘，而在同樣的時間內，它已經可以繞地球約 3600 次了！

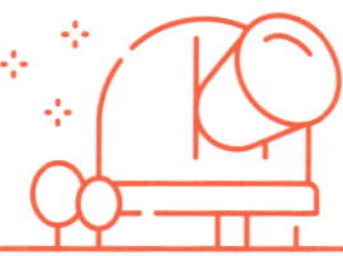

南北半球的相反季節

南半球和北半球的季節是相反的，當北半球是夏季時，南半球卻是冬季，反之亦然。這種現象不僅影響氣候，還有一些慶祝活動，在北半球，人們通常在寒冷的冬天慶祝聖誕節；而南半球的人，則在夏季的陽光下一面享受海灘，一面慶祝聖誕節。

北半球和南半球的季節是剛好相反的 / NOAA

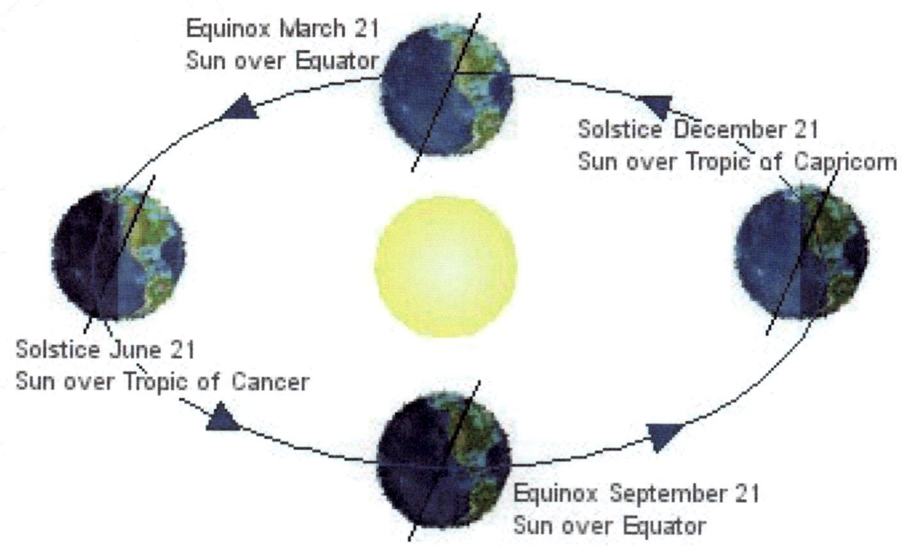

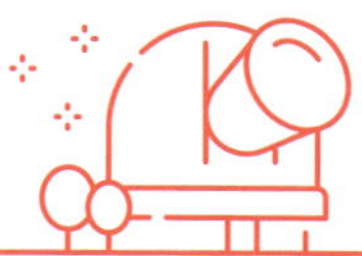

天文鐘

在世界各地，許多天文設施都能夠精確地展示時間。

聖馬可時鐘塔的天文鐘 / 2024 年攝於意大利的威尼斯

位於捷克的布拉格天文鐘（Prague Astronomical Clock），是一座建於 1410 年的中世紀天文鐘，是世界上最古老且仍在運作的天文鐘之一。它由三個主要部分組成：天文表盤代表太陽和月球在天空中的方位，顯示各種天文資料；行走的使徒每小時出現，下部的日曆盤顯示月份。它不僅是一個計時器，還能夠幫助人們認識天文現象。

這個鐘的設計非常精巧，能夠顯示月相和曙暮光時間，並且通過標示黃道十二星座符號來推算太陽和月亮的位置。布拉格天文鐘不但吸引了很多遊客，也是中世紀科學與藝術的象徵，讓我們感受到那個時代對於天文學的熱誠與探索精神。

布拉格天文鐘 / 2019 年攝於捷克的布拉格

Zodiac

黃道星座

當地球圍繞太陽公轉時，我們會在不同的位置上看到太陽，按照太陽背後對應的星空，可以畫出一條太陽對應星空移動的路徑，稱為黃道（Zodiac）。

黃道星座（Zodiac Constellations）是天文學中一個非常重要的概念。它位於黃道帶上，是太陽黃道在一年中途經的十三個星座，包括白羊座、金牛座、雙子座、巨蟹座、獅子座、室女座、天秤座、天蠍座、人馬座、摩羯座、寶瓶座、雙魚座和蛇夫座。

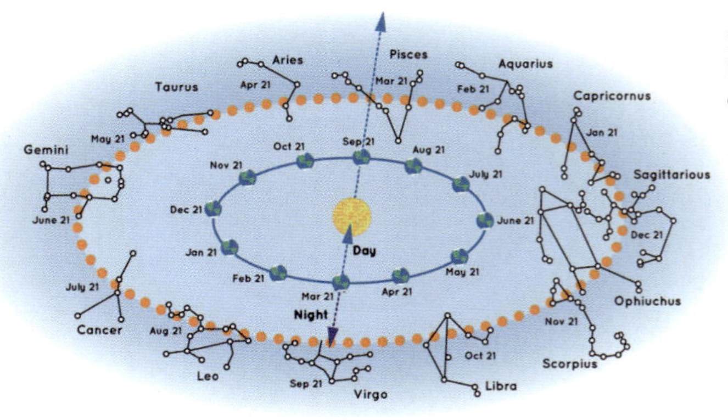

黃道上有十三個星座 / NASA JPL-Caltech

©Courtesy NASA/JPL-Caltech

占星學與天文學

為甚麼在生活中聽到的都是黃道十二宮？難度不是有十二個星座嗎？原來這是屬於占星學（Astrology），與天文學（Astronomy）是兩個完全不相同的領域！

天文學是一門科學，專門研究宇宙中的星體和它們的運動。

占星學並不是科學，而是透過天體的位置和天文現象，來預測人類的性格和命運，但缺乏可靠的科學依據。

天文觀測夜中的天體 / 攝於美國加州的謝伯特天文台

黃道十二宮

話說回來，黃道十二宮（Zodiac Signs）是一個占星學概念，它的起源可以追溯到三千年前的古巴比倫。古巴比倫人將 360 度的黃道劃分為 12 個區域，每一個宮各有 30 度，並選擇了黃道附近的星座為它們命名。

黃道十二宮有部分星座的名稱，與天文學的黃道星座名稱並不一樣。例如黃道十二宮的處女座（天文學為室女座）、射手座（天文學為人馬座）和水瓶座（天文學為寶瓶座）。隨着時間的發展，這些星座的概念也傳播到了古希臘和其他文化，形成了今天我們所熟知的黃道十二宮！

室女座的神話模擬圖 / Stellarium

人馬座、寶瓶座的神話模擬圖 / Stellarium

蛇夫座

黃道上的第十三個星座蛇夫座（Ophiuchus）是怎麼來的呢？蛇夫座位於人馬座和天蠍座之間，是常見的夏季星座之一。

經過兩千多年，地球自轉軸的變化，讓黃道在天空中的位置也發生了變化，甚至跨過了蛇夫座的腳部。

1928 年，在國際天文聯會的會議上，天文學家明確劃分了各個星座的範圍，並決定把蛇夫座加入黃道星座中，成為第十三個星座。因此，黃道十二宮（占星學）的日期，已經不符合現時的黃道星座（天文學）的位置了！

我們可以透過數碼立體星象館（Planetarium），如同身臨其境，以沉浸方式認識夜空中看到的星座，以及它們背後的各種神話故事，探索天文學無窮的樂趣。

長按「格線」的功能按鈕，星圖上就會顯示黃道 / Stellarium

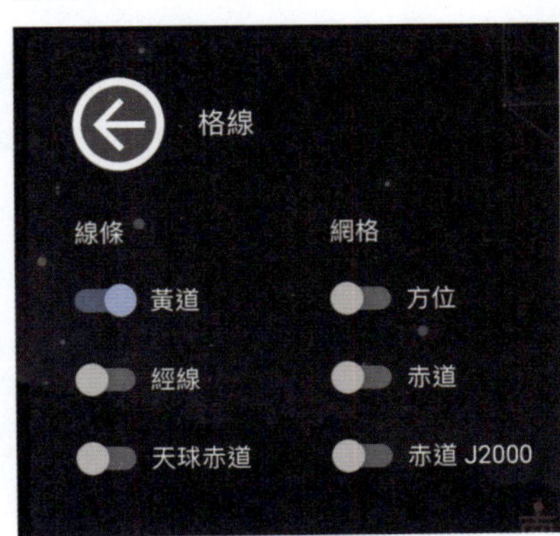

動手造

製作閃亮的星座模型

1. 首先，需要找到關於星座的圖案，把這個圖案放在硬卡紙上固定好，然後在星座的每個星點上打洞。

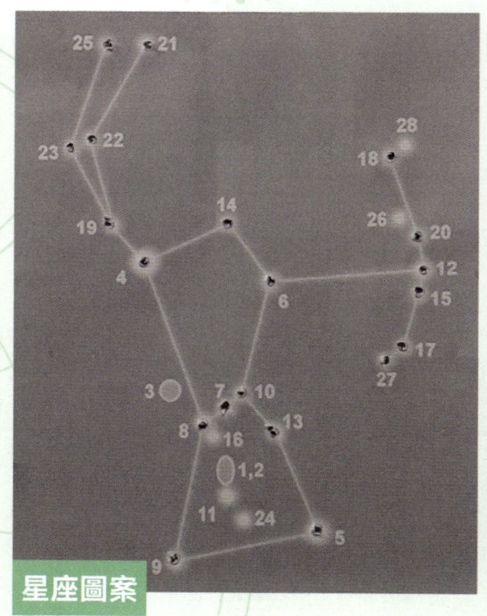

星座圖案

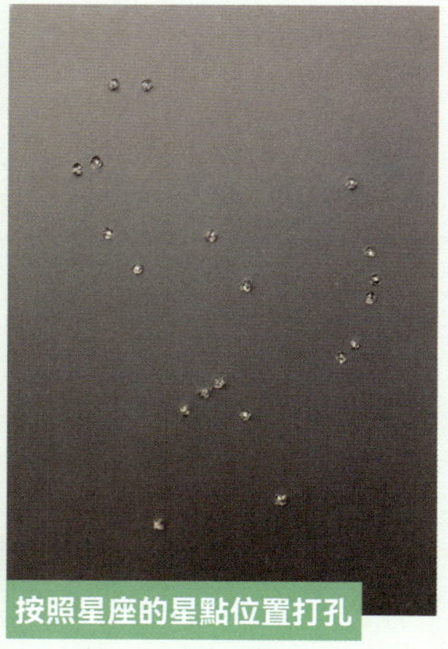
按照星座的星點位置打孔

2. 卡紙上每個小孔的後面，都裝上 LED 小燈泡，並連接電路，確保每個 LED 小燈泡都能亮起來，這樣就完成了！

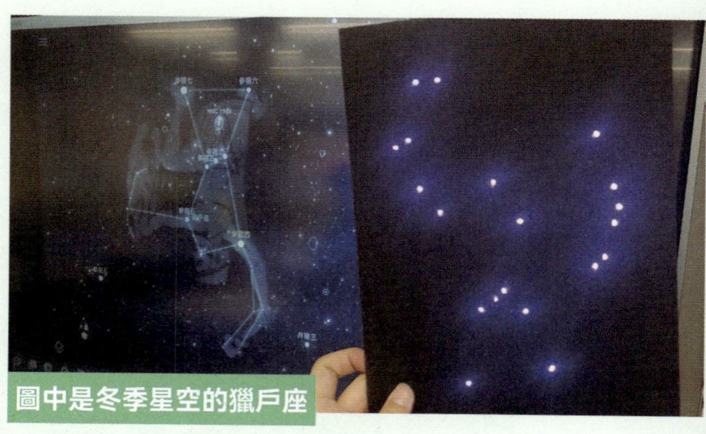
圖中是冬季星空的獵戶座

總結

看畢這本書，相信你應該已經體驗到了天文學的無限魅力，透過「STEAM教育」和「動手造」的實踐，你不僅學懂了天文「知識」，更培養了「創造力」和「解決問題」的能力 ，並且「啟發」你對宇宙的「好奇心」和「探索」精神 。

無論是觀星、攝星或探索太空科技，每一項體驗都將成為你追求夢想的每一塊積木。當你再次抬頭望向星空時，你已經能夠感受到那無盡的可能性和無限的幻想。讓我們一起踏上這段探索之旅，共同建構出和堆砌出科學探求之路！

作為一本啟發性的資訊型天文書籍的作者，不僅是傳授知識，達致薪火相傳，也要照顧所有對科學天文有興趣的讀者、科普教育者、學生和家長都能增長知識。

隨着天文的普及化，如果能適當運用這本書，將成為「全方位學習」的支援書籍，並提升及鞏固「小學科學科」以外的內容融合。

學以致用，啟動深度和 STEAM 的理念，進入多元化的學習！

薛俊朗（天文仁）
國際跨媒體天文教育者

責任編輯　蔡志浩
裝幀設計　Sands Design Workshop
排　　版　陳美連
印　　務　劉漢舉

出　　版　非凡出版
香港北角英皇道 499 號北角工業大廈 1 樓 B
電話：(852) 2137 2338　傳真：(852) 2713 8202
電子郵件：info@chunghwabook.com.hk
網址：http://www.chunghwabook.com.hk

發　　行　香港聯合書刊物流有限公司
香港新界荃灣德士古道 220-248 號
荃灣工業中心 16 樓
電話：(852) 2150 2100　傳真：(852) 2407 3062
電子郵件：info@suplogistics.com.hk

版　　次　2025 年 7 月初版

規　　格　16 開（230mm x 170mm）

ISBN　978-988-8913-32-9

薛俊朗（天文仁）著